AF368053

TRÉSORS

DE LA FRANCE.

TRÉSORS

DE LA FRANCE,

DANS UNE

LOI RÉGLEMENTAIRE,

INVARIABLE ET PERMANENTE,

SUR

L'IMPORTATION ET L'EXPORTATION DES BLÉS.

De l'influence de cette Loi sur la Sûreté, les Finances, la Force, les progrès de l'Agriculture, des Manufactures, de l'Industrie et de la Prospérité nationales.

PAR E. J. D. PAPELEU DE WAEPENAERT,

Membre de Collége électoral de Département, de plusieurs Sociétés des Arts et d'Agriculture, Président d'Assemblée cantonale, Officier de chasseurs.

« Le bonheur et l'amour des peuples sont le plus
« ferme soutien des empires. »

Paris, 20 juin 1814.

Rue Neuve-Saint-Martin, n° 19.

TRÉSORS

DE LA FRANCE,

DANS UNE

LOI RÉGLEMENTAIRE,

INVARIABLE ET PERMANENTE,

SUR

L'IMPORTATION ET L'EXPORTATION DES BLÉS.

De l'influence de cette Loi sur la Sûreté, les Finances, la Force, les progrès de l'Agriculture, des Manufactures, de l'Industrie et de la Prospérité nationales.

PAR E. J. D. PAPELEU DE WAEPENAERT,

Membre de Collége électoral de Département, de plusieurs Sociétés des Arts et d'Agriculture, Président d'Assemblée cantonale, Officier de chasseurs.

« Le bonheur et l'amour des peuples sont le plus
« ferme soutien des empires. »

Paris, 20 juin 1814.

Rue Neuve-Saint-Martin, n° 19.

PRÉFACE.

RETIRÉ en l'an 1813, de fonctions administratives civiles et gratuites que j'avais occupées depuis long-tems, par un décret qui me força de me rendre à l'armée ; le sort des armes m'ayant constitué prisonnier de guerre, je me suis occupé de recherches qui m'ont donné des résultats extrêmement avantageux pour l'agriculture, les manufactures, la sûreté et la défense de l'état, que je rendrai incessamment publics.

L'industrie manufacturière et agricole sera particulièrement favorisée, par des moteurs qui pourront être établis à peu de frais, et adaptés à toutes les espèces d'arts et métiers ; ils tendront à dià méditer sur les grands objets qui intéressent l'ordre et le bonheur de la société, l'économie sociale.

J'espère que des personnes plus éclairées que moi, ajouteront à la voie que j'ai tracée, ce qui a pu échapper au peu de lumières que j'ai pu acquérir dans la carrière civile et militaire.

—————

TRÉSORS

DE LA FRANCE.

L'art d'avancer la prospérité publique est susceptible d'une théorie simple, claire et invariable; il se réduit à rendre un peuple et plus riche et plus nombreux : riche, non par les agrémens de ceux qui possèdent les richesses, mais par le nombre d'hommes industrieux qui en retirent leur subsistance : nombreux, par sa grande utilité dans la multiplication de l'industrie nationale que favorise un gouvernement bienfaisant. L'admirable harmonie de l'univers donnant une idée de l'ordre, je comparerai l'administration publique à un mécanisme dont les différens rouages suivent toujours les mêmes mouvemens, je les nommerai *Agriculture, Instruction pu-*

blique, Commerce , Force militaire, Marine et Finances, dont je développerai successivement les effets dans l'ensemble de la combinaison.

CHAPITRE PREMIER.

Agriculture.

Parmi les moyens d'augmenter la prospérité publique, l'agriculture s'offre la première à mes regards, comme l'occupation la plus essentielle à la conservation de l'espèce humaine. Ses titres au premier rang des arts ne lui ont jamais été contestés : cette prééminence est fondée sur le besoin universel de ses produits ; c'est ce qui la rend aussi la base de tous les arts et la cause primitive de toutes les autres productions du sol ; ainsi l'agriculture est la source essentielle de la population et le fondement de tout revenu : après les beaux arts et les professions libérales, elle est peut-être de tous les emplois, celui qui demande les connaissances les plus variées et l'expérience la plus raisonnée. Cette première et principale source de la prospérité nationale, est encore susceptible de grandes améliorations. Je vais m'étendre sur plusieurs de ces objets.

SECTION PREMIÈRE.

De la conservation des graines céréales, et de l'économie des constructions agricoles.

Jusqu'ici la conservation des graines céréales exigeait une main - d'œuvre continuelle et une dépense excessive pour l'établissement des magasins : les graines y étaient exposées à l'infidélité des ouvriers et aux dégâts occasionnés par les animaux et insectes, par l'humidité ou la chaleur du climat, à un tel point, qu'il était impossible de conserver, pendant une année seulement, quelque espèce de graines que ce soit, sans éprouver des pertes considérables.

L'expérience ayant démontré que toutes les graines sèches se conservaient mieux l'hiver que l'été, dans le nord que dans le midi ; que l'hiver elles n'étaient point attaquées par les insectes, qu'un air sec et frais leur convenait, qu'elles ne pouvaient pas être exposées au vent du nord ni du midi ; que, même privées d'air, elles se conservaient dans la terre parfaitement sèche dans les pays chauds, pourvu qu'elles soient placées à une profondeur convenable : il restait à trouver un moyen d'établir des magasins d'une construction simple et économique, dans lesquels les graines aient constamment dans tous les climats un air sec et frais ; de supprimer, s'il était possible, la main-d'œuvre continuelle du remuage et du nettoyage, de les préserver du dégât occasionné par les animaux et insectes ; de porter une économie dans leur manutention, dans la construction même des magasins et dans leur superficie ; de les mettre à l'abri des incendies ; et de les rendre également utiles à l'état, aux propriétaires, aux cultivateurs, aux marchands, fabricans de bière, d'eau-de-vie de grains, et à toutes les personnes qui en font une consommation annuelle, quelque petite ou grande qu'elle soit.

L'expérience et le résultat des recherches que j'ai faites à ce sujet, m'a démontré que j'avais parfaitement atteint le but désiré. J'indiquerai, dans un ouvrage qui sera mis incessamment sous presse, un moyen aussi simple que commode et économique, sous le rapport de la main-d'œuvre et de la construction des magasins, de conserver avec la plus grande sûreté et facilité, à l'abri des incendies, autant d'années qu'on voudra, et dans tel pays aussi chaud qu'il puisse être, toutes les graines céréales quelconques. J'ai joint à ce magasin, qui peut être établi de façon qu'il soit indestructible par la bombe et le boulet, un moteur extrêmement simple et éco-

nomique, au moyen duquel on pourra
moudre dans un temps donné une quantité beaucoup plus grande que par toutes
les méthodes connues jusqu'à ce jour. Il
peut se démonter à volonté en un instant, et peut être d'une grande utilité
pour les arts et manufactures, pour l'a-
griculture et les forteresses ou villes
fortes ; il peut s'adapter à une maison ou
ferme ordinaire, et s'enlever en un instant, sans fatiguer les bâtimens ; il sera
encore utile pour élever les eaux pour
le service des maisons, des lacs, étangs
et parcs, des brasseurs, distillateurs et
cultivateurs, des bâtimens de commerce
et de la marine, qui pourront se servir
de ce moteur pour moudre et pour plusieurs objets en même temps. Un autre
avantage qu'on trouvera dans son usage
sera, qu'indépendamment du bas prix
pour lequel il peut être établi, il pourra
élever l'eau à peu de frais au haut des
maisons pour obvier aux incendies, et
faire le service domestique. Par le déve-

loppement que j'ai donné aux planches, un ouvrier ordinaire sera en état de le construire. L'usage en pourra être précieux dans l'économie agricole pour battre le grain, le nettoyer, pour battre le beurre, le lin, faire monter le grain pour le verser dans les magasins, filer et tisser le lin et la laine ; enfin, il pourra diminuer de beaucoup la main-d'œuvre de quantité d'opérations agricoles.

Pour les manufactures, il peut remplacer avec un grand avantage les machines à feu. Les planches indiqueront le moyen d'adapter ces magasins à des fermes économiques. Cette méthode peut être suivie pour toute exploitation aussi grande qu'elle puisse être, en gardant toujours la même proportion, et en allongeant les bâtimens d'après la quantité de bestiaux qu'on aura à placer : on peut y joindre un appartement convenable pour le propriétaire, qui donnerait alors avec plus de sûreté, au métayer ou cultivateur, les semences, le

hétail, les instrumens, en un mot, tout
le fond nécessaire pour l'exploitation de
la ferme, dont le produit total se distri-
buerait en deux parties égales, l'une
pour le maître et l'autre pour le fermier,
mais seulement après avoir prélevé sur
la totalité l'entretien du fonds capital,
lequel reviendra toujours au propriétaire, quand le fermier se retire ou est
renvoyé : ils gagneront tous deux à cet
ordre de choses. Le propriétaire a plus
de moyens pour faire les avances nécessaires ; il aura moins de bâtimens à construire et à entretenir ; ces magasins lui
seront un garant de la loyauté du métayer et de la bonne conservation de
tous les produits. Ces fermes pourront
encore être, de cette façon, autant de
fabriques de sucre, d'indigo, de potasse, de toile ou d'étoffes de laine,
selon que le sol est favorable à chacune
de ces productions. Il aura donc un revenu imminemment supérieur de ses
terres. Le fermier ou métayer, de son

côté, aura constamment sous ses yeux tout le détail de sa culture. Il aura une grande facilité et une grande économie de temps pour soigner le bétail et sa culture. Il ne courra plus de risques de se voir ruiné en un instant par un incendie, ses fermes économiques en étant à l'abri.

Pour économiser la construction des granges, immédiatement après la moisson, le cultivateur mettra sa récolte en tas recouverts de paille battue dans l'enclos de sa ferme, ou sur le champ même de la culture, comme cela devrait toujours se faire pour les graines céréales; il laissera le tout dans cet état jusqu'en novembre, temps que le tout aura fermenté; les grains seront alors d'une meilleure conservation. Le labour et l'ensemencement étant faits, il pourra alors employer ses ouvriers à séparer les graines de la paille, après quoi elles pourront être emmagasinées en toute sûreté; car si quelque circonstance voulait qu'elles fussent emmagasinées de suite après la moison, il serait très-nécessaire de les faire sécher artificiellement dans une chambre échauffée à un degré convenable. Alors, soit qu'elles aient fermenté naturellement ou artificiellement, le mécanisme du bâtiment, tel que soit que le climat, ou le degré d'humidité et de sécheresse de la saison, les conservera pendant tant d'années qu'on voudra, sans perdre aucun poids.

Enfin, ce nouveau mode d'établissement de magasins, lèvera les nombreuses difficultés attachées jusqu'à présent à la conservation des graines céréales. Ils coûteront toujours 8 à $\frac{2}{10}$ de moins, selon la localité, que ceux établis d'après la méthode actuelle.

SECTION II.

Police réglementaire des grains.

La production et le commerce des grains est, de tous, celui qui le plus doit être mis sous la sauve-garde des lois; nul autre n'a un plus grand besoin de toute leur protection. Le prix monnaie du blé règle en grande partie le prix monnaie du travail, puisque ce prix doit toujours donner à l'ouvrier le moyen d'acheter ce qu'il lui faut de blé pour nourrir lui et sa famille, selon qu'il est permis à ceux qui l'emploient de le faire subsister. Il règle le prix monnaie de toutes les autres parties du produit brut de la terre, puisque ce prix doit avoir quelque proportion avec le prix du blé; il règle le prix des pâturages, du foin, de toutes les denrées, de la viande de boucherie, des chevaux, des charrois et de la plus grande partie du commerce intérieur. En réglant ainsi le prix monnaie de toutes les parties du produit brut de la terre, il règle celui des matières que travaillent la plupart des manufactures; en réglant pour celle-ci le prix de la main-d'œuvre, il règle celui de leur industrie, et par l'un et par l'autre, celui de leurs produits complet. Le prix monnaie du travail et de toutes les choses qui sont le produit de la terre ou du travail et de l'industrie, hausse ou baisse ordinairement en raison du prix pécuniaire du blé. J'indiquerai d'abord les différens systèmes qui ont été alternativement suivis; il appartiennent, je crois, à l'une ou l'autre des cinq classes suivantes :

1° Prohibition absolue, tant de la sortie des blés domestiques, que de l'entrée des grains étrangers;

2° Défense totale de l'exportation des grains, avec permission illimitée d'en importer;

3° Liberté entière du commerce des grains, soit étrangers soit domestiques;

4° Liberté parfaite d'exporter des blés, avec défense absolue contre leur importation;

5° Défense totale de l'importation, avec permission limitée d'en exporter.

SECTION III.

De la prohibition absolue, tant de la sortie des blés domestiques, que de l'entrée des grains étrangers.

Après une rareté excessive des grains, il était naturel qu'en retenant l'excédent d'une bonne récolte, on y trouverait d'amples ressources contre la disette dont on pourrait être menacé à la suite d'une ou deux mauvaises années. Le désir de conserver un excédent précieux d'une saison fertile, devait naturellement conduire à la formation de magasins ; mais indépendemment des difficultés presque inévitables qui paraissent s'opposer à la conservation des graines céréales et à une administration fidèle, une autre non moins puissante et également inévitable dans ce système, était la succession de plusieurs années très-fertiles; car, quelque considérables que soient

les fonds destinés à l'achat des blés sura-
bondans, s'il arrive une suite de cinq ou
six récoltes copieuses, la masse de l'excédent qu'elles fournissent, devient
alors si prodigieuse qu'elle surpasse la
faculté de l'Etat. Ne pouvant plus retirer du commerce tous les grains sura-
bondans, le prix en doit nécessairement
tomber fort au-dessous des taux ordinaires auxquels les cultivateurs peuvent
le vendre avec profit ; cette baisse les
décourage et tend au dépérissement de
l'agriculture. On cultive moins de blé,
pour éviter la dépense d'une culture
dont le produit n'offre la perspective
d'aucun gain. Si, après cette diminution
de culture, il survient une année sté-
rile, on est pris au dépourvu, et souvent
les provisions qu'on retire encore des
magasins sont insuffisantes ; on se per-
suade alors qu'on a suivi de fausses ma-
ximes, et que, pour faire renaître l'a-
bondance, il n'est d'autres moyens que
de tirer des blés du dehors.

SECTION IV.

Défense totale de l'exportation des blés, avec permission illimitée d'en importer.

L'abondance et le bon marché des vivres qui résulteraient de ce système, ne manqueraient point de faire fleurir les manufactures ; mais prohiber absolument la sortie des grains, c'est réellement interdire aux cultivateurs de faire tous leurs efforts pour améliorer leur sort, et joindre à ces entraves la concurrence des blés étrangers ; c'est prendre la voix la plus sûre et la plus efficace de détruire l'agriculture ; ainsi rien de si pernicieux que ce système, dans un pays d'une certaine étendue.

SECTION V.

Liberté entière du commerce de grains, soit étrangers, soit domestiques.

De tous les systèmes, celui que nous

examinons a été le plus loué, le plus recommandé par la plupart des écrivains, et le moins pratiqué par les administrateurs. Cette opposition entre la théorie et la pratique ne doit-elle pas faire naître des doutes sur la réalité de ses avantages? L'auteur de la législation des grains a très-bien senti qu'une liberté illimitée de ce commerce est sujette à des inconvéniens très-considérables, et qu'un Etat qui l'adopterait s'exposerait souvent aux dangers d'une disette. Les partisans du système d'une liberté illimitée, s'en promettent trois avantages : l'encouragement de l'agriculture, l'approvisionnement certain des habitans, et le moyen d'offrir aux cultivateurs une vente assurée de produits de leur travail. Ils n'ont pas réfléchi que, malgré la distance des lieux et les frais de transport, les blés de la Pologne et de la Sicile se vendaient d'ordinaire à meilleur marché dans les ports de la Hollande, que ceux des endroits voisins qui les ont vu croître. Ne serait-il pas à présumer au contraire, que ceux-ci exerceraient une concurrence fâcheuse contre les grains domestiques, et frusteraient presque toujours les cultivateurs de l'attente du débit de leurs denrées? D'un autre côté, abandonner une affaire aussi importante aux hasards de la liberté du commerce, compter qu'elle aura toujours l'art de rapporter au moment précis du besoin, le nécessaire qu'elle aura fait sortir, espérer enfin que les lois prohibitives des autres nations répondront à l'instant même à nos convenances, c'est avoir une fausse idée du résultat d'une infinité de combinaisons d'intérêts personnels.

SECTION VI.

Liberté parfaite d'exporter des blés, avec défense absolue contre leur importation.

La maxime que l'agriculture participe

de la nature de toute espèces de manufactures, dont les produits sont constamment en raison du débit, a seule
présidée à l'introduction de ce système
d'administration ; si les grains étaient
une production qui donne toujours la
même quantité, rien ne serait plus ju-
dicieux que ce système. Sous Charles II,
le parlement d'Angleterre adopta cette
mesure ; en 1629, il renchérit encore
sur cette adoption, en attachant à l'exportation des grains une gratification
assez forte, pour mettre les commerçans
anglais en état de soutenir la concurrence au marché étranger. Il est probable que, dans les années de disette,
on aurait livré le peuple à une horrible
famine, si on eût exigé l'exécution ri-
goureuse de cette loi ; mais on a pris
soin de la suspendre par des statuts
passagers, qui ont permis l'importation
des grains étrangers, pour un temps limité. La nécessité de ces règlemens
prouve assez le vice de la loi générale.

SECTION VII.

Défense totale de l'importation des blés, avec permission limitée d'en exporter.

L'adoption d'aucun des systèmes que j'ai examiné ne peut être aussi dangereux que celui-ci. Quand pour corriger les inconvéniens d'une cherté, le gouvernement arrête l'exportation, et se permet d'imposer aux cultivateurs et aux marchands la loi de vendre leur blé à un prix qu'il appelle raisonnable, alors, ou de deux choses l'une, ou bien il les empêche d'envoyer leur denré eau marché, et la retenue qu'ils en font peut quelquefois occasionner la famine, au commencement même de la saison, ou bien ils continuent leurs envois ; et la consommation générale devient si rapide, parce que le gouvernement lui-même la précipite, qu'avant la fin de saison, la famine arrive indubitablement.

Qu'on suive d'un œil attentif l'histoire des chertés et famines qui ont affligé l'Europe dans ce siècle et les siècles précédens, on se convaincra que toutes les chertés ont été l'effet d'une disette réelle arrivée à la suite des dévastations de la guerre, et plus souvent de l'intempérie des saisons, tandis que la famine ne doit être attribuée qu'aux moyens violens et forcés, mis en usage par un gouvernement qui voulait empêcher les inconvéniens d'une cherté.

SECTION VIII.

Résumé des cinq systèmes.

Par les différens systèmes que j'ai examiné, on a voulu allier quatre points diamétralement opposés l'un à l'autre dans leur exécution :

1° Celui de procurer l'abondance et le bon marché des vivres ;

2° Celui de favoriser l'agriculture ;

nel qui fixe invariablement où commen-
cerait la sortie du nécessaire , et où fini-
rait celle du superflu. Ne perdons point
de vue, que le prix des grains ne peut
être qu'une règle bien imparfaite pour
limiter l'exportation, et permettre l'importation ; attendu que ce prix n'est pas
seulement le résultat de l'abondance ou
de la rareté de cette denrée, mais encore
celui des besoins plus ou moins pressans
de nos voisins, de la cupidité ou des
faux calculs des marchands, et d'une
infinité de circonstances importantes
que le prix ne saurait exprimer , parce
qu'elles sont ignorées des vendeurs et des
acheteurs. Le blé qui excède les besoins
d'une année, et la provision de précaution
pour la suivante, est la plus inutile de
toutes les marchandises, parce que la
subsistance de l'homme est marquée par
la nature.

Dans chaque société, les salaires
et les bénéfices suivent un taux ordinaire et commun, qui lui-même

suit pour règle les différentes manières d'occuper le travail et de faire valoir les fonds, selon la situation plus ou moins florissante de cette société. J'appellerai ces taux, *taux naturels des salaires , des bénéfices et des rentes.*

Quand le prix du blé forme la réunion de la rente que la terre doit à son propriétaire, du salaire, ou de la subsistance des hommes et des animaux employés à la production de cette denrée, de l'entretien des bâtimens, chariots et ustensiles de culture, des frais de transport de la ferme au marché, des impôts proportionnels, et du bénéfice ordinaire dû au fermier, dont l'avance a payé cette rente, ce travail, cet entretien, ce transport et ces taxes, voilà le prix du blé ; voilà le prix que le cultivateur et le consommateur doivent désirer.

Je supposerai que ce prix naturel soit de 5 francs le quintal de seigle, et de 8 francs le quintal de froment, et que ce prix soit par-tout le même, ou la dis-

lance du marché, la demande du travail et le prix de la nourriture , chauffage, éclairage, habillement et logement de l'ouvrier soient également le
même.

Pour résoudre la seconde question,
il faut d'abord que je développe l'art de
l'exploitation d'une ferme, et d'établir
la succession des récoltes.

Je suppose une exploitation de vingt
arpens que je veux ensemencer annuellement de seigle, de froment, d'orge,
d'avoine, de lin, de colzat, de pom-
mes de terre, de carottes et légumes,
de trèfles, de luzernes, de betteraves, de pastels, de navets, de hou-
blons, de tabacs et d'autres productions,
selon que le sol et la situation sont favo-
rables à l'une ou à l'autre de ces plantes.
Que je sache le temps que la nature a
fixé pour l'ensemencement et la récolte
de chacune de ces productions, et celui
que l'expérience a indiqué qu'il fallait
laisser écouler d'années avant d'ense-

mencer la terre de la même plante, ou
en terme vulgaire, combien de temps il
il faut que la terre se repose ; de plus,
combien de bestiaux de toute espèce je
peux nourrir par les prairies naturelles
ou artificielles attachées à cette exploitation : ceci bien connu, je forme ma
division de culture de façon que la terre
soit toujours, l'été comme l'hiver, cou-
verte de quelque production, et que le
lendemain d'une récolte elle soit de
nouveau ensemencée. Ce rouage ou alternation une fois bien établi, je serai
forcé naturellement à suivre toujours la
même direction. Quand un mécanisme
quelconque est arrivé à son point de
perfection, et qu'on en supprime un
rouage quoique non essentiel, il ne marche plus avec la même facilité : il en serait de même de ma culture, si, en dé-
rangeant l'ordre de l'alternation établi
par la nature, j'ensemençais mes terres
d'une ou plusieurs denrées seulement,
parce que ces mêmes denrées me pré-

senteraient un plus grand bénéfice ; mais alors ce bénéfice se trouverait très-désavantageusement contrebalancé par la perte qui en résulterait pendant que la terre est sans rapport, et que je dusse attendre la saison de l'ensemencement de mes deurées favorites. Mon intérêt veut donc que je rétablisse l'alternation, et que tous les ans je récolte la même quantité de seigle, froment, etc. selon la nature du sol et la proportion de mes vingt arpens. Voilà comment la culture est soumise à des règles invariables : si elles étaient une fois bien saisies, elles seraient généralement adoptées, et on ne verrait plus des jachères, signes certains de l'ignorance agricole.

Pour rendre ce raisonnement plus saillant, je reviens à ma méthode ordinaire. Je supposerai deux cultivateurs dont les terres soient de la même qualité, de la même contenance, qu'ils paient les mêmes impôts, que l'un suive la méthode que j'ai indiquée, et que l'autre suive l'ancienne routine ; que le premier n'ait que] vingt arpens , et le second quarante ; qu'ils aient chacun le même nombre de bestiaux , le premier en emploierait tout le fumier sur les vingt arpens, et l'autre sur les quarante ; lequel des deux aura le plus de bénéfice et le plus grand produit ? Le premier n'ayant proportionnellement que la moitié de rente de fermage et d'impôts à payer, la main-d'œuvre de l'exploitation étant plus resserrée, et ayant moins de frais de labour, aura sans doute un plus grand bénéfice et un très-grand avantage sur le second. Dans le pays de Waës, en Flandre, ce principe est tellement reconnu, que le droit de fermage ou loyer, et par conséquent la rente du fermier y sont du double que dans d'autres endroits de cette belle province, parce que, sur la même étendue de terrain, quoiqu'il y est de très-méliorée en qualité, ils ont un double produit ; c'est ce qui prouve le grand avantage d'une alternation bien suivie, d'un bon amendement, et l'usage du fumier.

On a vu, par l'exemple que j'ai donné, que le produit de la terre ne doit pas se calculer d'après l'étendue du terrain, mais d'après le mode de culture.

La production du blé est, comme toutes les autres, naturellement limitée par la quantité de terres labourables ou par le nombre d'arpens nécessaires pour reproduire la quantité voulue dans les années ordinaires, et exporter le superflu dans celles abondantes.

Ces principes, une fois bien posés, il est facile de concevoir que, si la consommation seule règle la quantité de terre à ensemencer annuellement en blé, que l'alternation d'une culture bien entendue fixe naturellement sur un terrain donné, et cette proportion, ainsi que le produit ordinaire, dans les années médiocres et fertiles, étant connu de tout cultivateur instruit à la grande

école de l'expérience, son intérêt l'o-
blige d'ensemencer en blé le nombre
d'arpens voulu par le système d'alternation, en proportion des terres de sa
culture.

D'après ce principe, qui est incontes-
table, je demanderai si je fais du tort à
mes fermiers, en les obligeant d'ensemencer une quantité déterminée et invariable en avoine, orge, blé et autres
productions, en proportion de l'alternation de leur culture? Je les oblige à
disposer leurs terres en conséquence, et
dès-lors à suivre de bons principes de
culture.

Je crois avoir suffisamment prouvé
que le blé a un prix fixe vers lequel il
incline toujours, qui est son prix naturel, et que, dans un pays bien cultivé,
le blé doit être ensemencé d'après la
nature du sol, ainsi que l'avoine, l'orge
et toutes les autres productions, en proportion des terres labourables et du système d'alternation.

Je suppose maintenant un hameau composé de deux cents habitans, et de deux cents arpens de terre, et que le produit total des blés soit annuellement de neuf à quinze cents quintaux, selon que la récolte est bonne ou mauvaise, dont mille quintaux nécessaires pour la nourriture des habitans et le service d'une distillerie, et que les cinq cents restans servent toujours de réserve pour compléter le manquant nécessaire à la consommation, ou pour exporter chaque fois que la totalité de la provision de précaution dépasse cinq cents quintaux produits d'après les principes que j'ai développé plus haut. Si un des propriétaires des plus considérés, et les cultivateurs et habitans, s'engageaient, le premier à prendre annuellement pour son compte, et payer comptant immédiatement après la récolte, ces neuf ou quinze cents quintaux de blés, le seigle à cinq francs, et le froment à huit, plus ou moins, selon la situation des exploi-

3° Celui de pourvoir à l'approvisionnement certain des habitans ;

4° Celui d'offrir le moyen de procurer au cultivateur, une vente assurée
du produit de cette denrée.

Je vais, par un nouveau système, non
seulement unir ces quatre points, mais
encore celui qui n'est pas moins essentiel pour la prospérité de l'agriculture,
d'assurer au cultivateur la vente de tous
ses blés, immédiatement après la récolte.

SECTION IX.

*Système invariable d'exportation et
et d'importation des blés, limité par
la consommation et le produit des
récoltes.*

1° A quel prix doit être constamment
le blé ?

2° Comment le produit de la récolte
sera-t-il limité ?

La résolution de ces deux importantes
questions, nous conduira au signe éter-

tations, qu'il se chargeât, en sus de ces prix, de payer annuellement tous les impôts directs ou indirects, assis non-seulement sur la totalité de leur culture, mais encore sur le chauffage, l'éclairage, la nourriture, l'habillement et le logement de chaque habitant, et à leur fournir, tels que soient les circonstances et l'état de la récolte, la livre de pain de seigle à 12 centimes, de froment à 15, et de pain blanc à 17 $\frac{1}{2}$ centimes, poid de marc, le tout comparativement au prix d'achat ; le second a cultiver en blé la quantité de terrain déterminé par la culture, et de livrer la totalité de cette récolte au magasin du propriétaire entrepreneur, nécessairement placé dans le hameau, avec une augmentation de trois pour cents, pour indemniser ce dernier du déchet, au cas que le grain n'ait pas fermenté, et de deux pour cent pour le déchet de mouture ; de prendre tout le pain nécessaire à sa consommation, chez le boulanger établi dans le hameau, et qu'au cas qu'il serait trouvé avoir détourné une partie de sa récolte, il s'engageât à payer par forme d'indemnité une amende déterminée ; nul doute que le cultivateur , le consommateur, et l'entrepreneur gagneraient également à cet ordre de choses; le cultivateur , en ce qu'il recevrait pour ses grains un prix au-delà de celui naturel que j'ai indiqué plus haut , qu'il serait exempt d'impôts , qu'il serait assuré de se défaire de la totalité de cette denrée au moment de la récolte avec un bénéfice convenable; qu'il pourrait à l'instant même en appliquer le produit pécuniaire à sa culture ; qu'il n'éprouverait aucun dégât , ni aucune main d'œuvre attachée à la conservation de cette denrée ; qu'il économiserait les frais de transport de la ferme au marché, et qu'il profiterait de plus la quotité de l'impôt compris anciennement dans le prix du blé.

Le consommateur et le cultivateur

comme consommateur, en ce qu'il serait constamment assuré d'acheter le
pain à très-basprix, quelques soient les
circonstances, que cette nourriture serait plus saine, parce que la cuisson en
serait mieux soignée, et que le poid et
la qualité en seraient constamment ga-
rantis, de plus qu'il serait entièrement
libéré de tous les impôts.

L'entrepreneur, par le bénéfice considérable que je vais démontrer.

Ces quinze cents quintaux, que je
supposerai tout seigle ou tout froment,
n'importe la proportion, ni même le
prix, coûteront, si c'est du froment,
douze mille francs, dont mille quintaux
convertis en pain ou employés à la dis-
tillation, ou à tout autre emploi, rapporteraient brut, compris 5 francs par
quintal pour le boulanger, 11,000 fr.,
boulanger, meûnier et tous frais compris ; et en supposant que tout ce qui
excédait annullement les cinq cents quintaux de réserve pour compléter les

manquans dans les années médiocres fût exporté sans bénéfice, ce qu'il n'est guère à présumer, puisqu'il n'aura à supporter que les frais de transport, et le bénéfice de son avance de 4000 fr., il aurait encore un grand avantage dans le marché étranger, où cette production est sujette aux taxes territoriales et aux impôts de consommation.

L'entrepreneur aura à supporter les dépenses suivantes :

1° 1000 quintaux, que je supposerai tout de froment ou de seigle, n'importe la proportion pour le calcul, coûteront, à 8 fr. le quintal.   fr.   c.
    8000

2° Au boulanger, à 3 fr. pour quintal pour la fabrication du pain, il aura en sus un bénéfice de 5 fr. par quintal de vente de farine et son, non évalué ici   3000

3° Gage du meûnier, compris dans le traitement de l'entreposeur.

4° Traitement de l'entreposeur, qui, en sus de son logement, a tous autres frais à sa charge, tels que fr.   c.

D'autre part. . . . , 11000

monture, frais de bureaux, à cinq pour cent du prix d'achat des 1500 quintaux ou de la contenance du magasin. 600

5° Intérêt du cautionnement de l'entreposeur, de 5o centimes pour quintal de contenance du magasin, à trois pour cent. 22   5o

6° Intérêt à trois pour cent du cautionnement, de 10 francs par habitant. 60

7° L'intérêt de l'avance de l'achat des blés se porte pour mémoire. Cette somme se remboursera jour par jour par le boulanger, à fur et mesure de la consommation, qui aura un crédit ouvert chez l'entreposeur, jusqu'à concurrence du montant de son cautionnement.

8° Total général de tous les impôts payés par le hameau . . . 2400

Total des frais 14082   5o

1000 quintaux, en les supposant tous de froment, réduits en pain, au prix de 15 c. la livre, ou 15 fr. le

	fr.	c.
D'autre part.	1,482	50

quintal, payés par le
boulanger à l'entre-
preneur, ci. . . . . 15,000 fr.

$\frac{1}{15}$ d'augmentation
dans le poids du pain,
provenant de sa fabrica-
tion 6666$\frac{1}{3}$ de liv. à 15 c.   999 90
                                    ____
                                    15,999 90

Consommation an-
nuelle, convertie en
pain 15,999 90
                                    ____

Bénéfice net de l'en-
trepreneur. . . .   1,917 40

Les cautionnemens du boulanger et
de l'entrepreneur serviront pour l'établissement du magasin, qui coûtera,
l'habitation de l'entreposeur y compris,
d'un demi à trois francs par quintal de
leur contenance, selon la localité et le
prix des matériaux nécessaires.

Je demande maintenant qui a payé
l'impôt ? Ce n'est pas le cultivateur, il
gagne l'ancien impôt, compris dans le
prix ordinaire du blé. le consommateur

y gagne également, puisqu'il mange le pain à meilleur compte, et qu'il est libéré de tout impôt par l'effet de l'entreprise. L'entrepreneur gagne environ 2,000 fr.; le boulanger gagnera 2,000 à 2,500 fr. par an, selon les localités et le prix du bois, etc. Cependant ce bienfait n'est pas l'effet de la volonté du cultivateur, ni du consommateur, ni du boulanger, ni encore moins de l'entrepreneur, mais le résultat de leur convenance et de leur combinaison.

Cette mesure serait indubitablement acceptée avec empressement par chaque communauté, où un entrepreneur ferait une semblable proposition ; or, ce qui serait un acte de sagesse et de prudence dans une partie de la société, ne saurait être un acte de folie dans le grand corps de l'Etat, qui obtiendrait annullement 25 fr. nets par individu, somme égale à celle que produisait naguère l'accumulation effrayante des impôts. Le gouvernement aura acquis l'art de former la plus grande partie de son revenu, sans l'appareil de contraintes et d'exécutions, attendu que le cultivateur, le consommateur et l'É at gagneraient également à cet ordre de choses, et que le revenu public croîtrait toujours avec la population. Il me reste à prouver que s'il était possible que dix années de récoltes fertiles ou médiocres se succédassent, le prix du pain ne serait sujet à aucune variation, et qu'il ne pourrait y avoir la moindre probabilité de devoir craindre une disette en temps de paix, comme en temps de guerre.

Pour résoudre la première de ces suppositions, il faut connaître la marche de l'agriculture : le blé croît naturellement sur un terrain sec ou humide; or, ce qui, dans un endroit d'un grand territoire, est une cause de stérilité, est, dans l'autre, une cause d'abondance ; dès-lors la production est contrebalancée : la sagesse de la nature a pourvu de cette manière à la conservation de l'espèce humaine. Il en serait toujours ainsi si l'ignorance des gouvernemens ne mettait souvent obstacle aux bienfaits de la nature. Mais tout en démontrant cette balance à laquelle il serait ridicule de m'arrêter plus long-temps, car l'argument qu'on pourrait faire contre ce principe ne me paraîtrait pas très-redoutable ; je suppose un instant qu'il en existe une en plus ou en moins ; car lorsqu'il s'agit d'une denrée dont on ne peut point supporter la privation, où le doute seul est en danger, où l'inquiétude d'un moment peut agiter le peuple, affaiblir la confiance, et produire des maux terribles : si, dis-je, il pouvait en exister une, je suppose que dans l'exploitation de deux cents arpens dont j'ai parlé, la plus mauvaise récolte soit de neuf cents quintaux, et la meilleure de quinze cents, s'il arrive six années de suite que la récolte soit mauvaise, alors la réserve habituelle du tiers aura remplacé le manquant pendant six années consécutives ; et si, ce qui n'est pas probable, la septième et même la dixième arrivent, on connaîtrait ce dixième de déficit une année avant d'en avoir besoin, on aurait toujours ce manquant à temps, en permettant l'importation pour la quantité nécessaire seulement, et s'il était nécessaire, on accorderait des gratifications. On ne perdra pas de vue que la première année d'abondance complettera la réserve.

Je suppose maintenant le cas contraire, une succession de dix années de la plus grande abondance. La provision de réserve étant constamment au complet, l'excédant pourra être exporté en toute sûreté, et il sera accordé des gratifications, non pour les grains, car le bas prix en assurera le débit, mais pour l'exportation des eaux-de-vie de grain et du bétail nourri par le résidu, pour dénaturer la quantité des grains à exporter, et faciliter par là les débouchés. Ces gratifications serviront à rembourser le distillateur des droits de dis-

tillation de la partie exportée ; le revenu public n'éprouvera aucune perte
sur ces mêmes gratifications, et la marche uniforme du commerce intérieur
n'en sera pas dérangée.

Par le moyen des magasins militaires fortifiés, dont je parlerai plus bas,
cette mesure pourra avoir lieu avec la
plus grande sécurité, même en soutenant la guerre la plus vigoureuse au
milieu de notre territoire.

Le prix du blé est différent dans presque
tous les départemens, à raison des débouchés au marché les plus voisins, et de la
différence de la demande du travail et
de son prix pécuniaire, de la cherté des
vivres, et d'autres causes qui se lèveront
tout naturellement, le transport étant
le même par-tout, puisque le marché
ou magasin se trouvera au centre de
chaque commune. La concurrence et
la liberté du commerce, la facilité des
communications égaliseront le prix pécuniaire de la journée du travail ; jusque-

là le prix naturel pourrait être être établi pour chaque département.

Il est important que le gouvernement
mette tout en usage pour avoir une
connaissance aussi exacte que possible,
de la population, de la contenance des
terres labourables et du produit proportionnel des récoltes de chaque département et canton, afin qu'en comparant
ces trois grandes circonstances, il puisse
être sûr des proportions de l'exportation, de l'importation lorsqu'elle serait
nécessaire, et de la production.

Le distillateur paierait une somme
mensuelle déterminée, d'après la contenance de ses chaudières; en sorte qu'il
prendrait le grain qui lui est nécessaire,
au magasin public au prix d'achat. Cette
somme ne servirait pas seulement à rembourser au gouvernement le bénéfice qu'il
s'était réservé sur la manutention de cette
denrée, mais encore à élever un peu
le prix des liqueurs spiritueuses, dont
le fréquent usage tend à ruiner la santé

et à corrompre les mœurs du peuple. Ce prix, ainsi que les droits, pouvant être payés à plusieurs mois de date par des effets acceptés à la banque, le distillateur ne sera pas vexé; il pourra de plus déclarer que tel autre mois il n'entend pas distiller, pendant ce temps seulement le scellé serait mis sur les chaudières; de cette façon la liberté du commerce, la sûreté publique, le revenu de l'État et les progrès de l'agriculture, à laquelle cette fabrication est éminemment attachée dans les terrains sablonneux, seront conciliés, et cette taxe ne pourra avoir aucun effet sur le salaire du travail.

Voilà comment se trouveront réunis les quatre grands résultats d'une loi réglementaire permanente sur l'importation et l'exportation des grains : 1° par l'abondance et le bon marché des vivres; 2° par la prompte vente et le paiement de cette denrée à un prix convenable, immédiatement après la moisson; 3° par

l'approvisionnement certain des habitans ; 4° par la sûreté d'entraîner insensiblement le cultivateur vers le système
d'alternation ; ce qui nous donnera indubitablement le moyen de nourrir une
double, triple, et je dirai même une
quadruple population.

Indépendamment des grands avantages que j'ai obtenus, il en résultera un
non moins essentiel, qui en est une suite
naturelle de diminuer le prix de la nourriture, du chauffage, de l'éclairage, de
l'habillement, du logement de l'artisan
et de l'ouvrier, d'avoir, par ce moyen,
réduit le prix pécuniaire de la journée
de travail, sans en avoir diminué la valeur réelle. Cette diminution serait suivie nécessairement par une autre pro-
portionnelle dans le prix de toutes les
marchandises et matières premières domestiques, qui obtiendraient par là
quelqu'avantage dans les marchés étrangers. Le prix de certaines marchandises
manufacturées serait réduit dans une

proportion plus grande encore, par l'importation libre des matières premières, qui n'entrent point en concurrence avec celles de notre produit; nos propres ouvriers, par le bon marché de leurs marchandises, s'assureront non-seulement la possession du marché intérieur, mais encore une supériorité bien grande dans les marchés étrangers, où la forme du gouvernement empêcherait d'employer une pareille mesure.

Si, malgré tous ces avantages, la division du travail, la perfection des mécanismes qui abrègent le travail, méthode que je rendrai incessamment publique, et l'effet naturel de la concurrence, la demande faisait augmenter le prix pécuniaire de la main-d'œuvre, ce serait une preuve certaine de l'accroissement de la prospérité nationale, le sort de l'ouvrier et de l'artisan en serait amélioré, et nous conserverions toujours notre monopole , contre le reste de l'Europe , par le thermomètre des douanes , par les encouragemens que le gouvernement serait en état de donner à l'exportation et par la perfection graduelle que la mécanique donnera à nos manufactures.

C'est ainsi que l'agriculture et les arts entraîneront en peu de temps l'industrie nationale au dernier degré de prospérité et de splendeur.

La culture étant dégagée de tout impôt et jouissant de la plus libre concurrence, donnera à notre balance de commerce plus de 80,000,000 fr. par an, sur la culture du pastel, de la betterave, des plantes qui fournissent la potasse et le tabac. Ces nouvelles cultures convenantes au climat, au sol et à la situation de la France, ajouteront aux richesses agricoles, et porteront un degré d'aisance dans les campagnes ; nos colonies nous fourniront le café, les épiceries, les drogueries, enfin les objets dont la nature a interdit la production à la France.

SECTION X.

Culture du sucre indigène.

La fabrication du sucre indigène mérite une attention toute particulière : la betterave produit le sucre, et donne un résidu abondant qui est une nourriture saine pour les bestiaux ; si les fabricans de sucre de canne s'étaient bien pénétrés de ces deux objets, ils se seraient aperçus que, pour en tirer tout l'avantage possible, cette fabrique devait être placée au milieu de la culture pour éviter les frais de transports, très-conséquens par le poids de ces racines ; ils auraient même vu que cette fabrication pouvait se faire avec un plus grand avantage par le cultivateur, qui emploierait le résidu avec plus de profit à engraisser ses bestiaux, qui lui donneraient

le fumier nécessaire pour sa culture ;
que comme cette fabrication se fait l'hiver, le cultivateur peut occuper plus
économiquement des ouvriers qui lui
servent l'été pour sa culture, et l'hiver
pour la fabrication de toiles, d'indigo,
de sucre, de potasse, de tabac, selon
que le sol est favorable à l'une ou à
l'autre de ces productions. Il me paraît
évident que l'ancien fabricant de sucre
ne pourra plus soutenir la concurrence
du fabricant cultivateur, qui joint encore à tous ces avantages, celui non
moins conséquent, du moindre prix de
la main-d'œuvre, qui sera toujours plus
bas dans les campagnes, même dans le
système que j'ai avancé, parce que l'ouvrier de ville, vit avec moins de sobriété
et d'économie, et qu'en général il y a
moins de concurrence parmi les ouvriers des campagnes ; il est donc évident que, par la nature des choses,
cette fabrication appartient au cultivateur, et c'est à la chimie et à la méca-

nique à simplifier les procédés de cette fabrication, de façon qu'elle puisse se faire par tout cultivateur, qui, d'après son alternation de culture, récolterait de 5 à 20 arpens de betteraves. Cette combinaison, jointe aux avantages attachés à la réduction naturelle du prix du travail, nous mettra indubitablement en état de soutenir la concurrence du sucre des colonies sans aucun droit d'importation. Ce même principe s'étend sur la potasse, la garance, le tabac, qui, dans quelques endroits, est aussi doux que le tabac d'Amérique.

Le bon marché de la soie et des étoffes de lin diminuera également la consommation du coton.

SECTION XI.

Filature du lin et tissage des toiles.

La filature du lin, cette partie essentielle de notre industrie, ainsi que le tissage, demandent par-tout à être perfectionnés. On aura donc à enrichir l'économie agricole, d'ustensiles, et de procédés nécessaires pour fabriquer le produit du lin, de la betterave, des plantes à extraire la potasse et du pastel. Le gouvernement pourrait encourager ces acquisitions précieuses, en donnant des primes aux mécaniciens et aux chimistes qui auront fourni les meilleurs procédés; en communiquant à ceux qui auront obtenu les premiers prix, les plans individuels de chacun d'eux, on parviendra, par un deuxième, troisième ou quatrième concours, à obtenir le résultat désiré.

La liberté du commerce encouragera suffisamment les riches productions du vin et de la soie.

SECTION XII.

Chemins et canaux.

Un des plus grands encouragemens

que le gouvernement puisse donner à l'agriculture et au commerce intérieur, est d'établir de bonnes communications de commune à commune, et dans les endroits où il n'y a pas de rivières, d'établir des canaux qui joignent les départemens entr'eux. Ces canaux, rivières et chemins, en diminuant les frais de transport, rapprochent les campagnes intérieures des avantages dont les terres voisines des grandes villes jouissent par leur position ; ils encouragent la culture des parties éloignées, qui forment le cercle le plus étendu des possessions nationales.

Dès qu'une fois, un chemin ou canal est établi, la direction en devient simple et facile : comme ces établissemens sont bien plus avantageux à l'homme qui voyage, ou à celui qui transporte des marchandises d'une place à une autre, qu'à la société en général, il est juste de décharger le revenu public d'un fardeau très-considérable. Je traiterai cet

objet à l'article des finances, où je me
réserve de prouver que ce péage, au
lieu d'être une entrave au commerce,
lui donnera un grand avantage en diminuant les frais de transport.

SECTION XIII.

Plantis des routes.

Un objet qui a échappé à la sagacité
de presque tous les gouvernemens, qui
contribuerait beaucoup à l'établissement
et à l'entretien des routes, à la conservation des chevaux et à augmenter considérablement le revenu de l'Etat, est
le plantis qu'il se réserverait le long des
grandes routes, et de tous les chemins
indistinctement qui conduisent d'une
commune à l'autre; en plaçant chaque
arbre à cinq mètres l'un de l'autre, il y
en aurait douze mille par myriamètre ;
cette opération ne coûterait pas 6oo fr.
par myriamètre. Je n'exagérerai point

en en comptant 20,000 sur tout le territoire de la France , 240,000,000 d'arbres rapporteraient au moins au trésor,
proportionnellement aux abattis pério-
diques, 50,000,000 fr. par an ; et s'il
était possible de placer le long de toutes
les routes des arbres fruitiers, comme
noyer, maronniers, chataigniers, ceri-
siers, etc., l'Etat en pourrait retirer
240,000,000 francs par an , somme plus
forte que celle que rapporte les impôts
fonciers ou territoriaux. Les propriétaires aboutissans abandonneraient vo-
lontiers le droit de plantis sur les routes
et chemins, que des règlemens chancel-
lans leur avait naguère attribué, et le
gouvernement aura alors acquis un nouveau revenu, lequel, loin d'être à charge
au public, assurera la facilité des communications, si nécessaire à l'agriculture et au commerce , et abritera de
l'ardeur du soleil les voyageurs et les
marchandises qui circulent sur les routes.

CHAPITRE II.

Instruction publique sous le rapport de son influence sur le développement de l'industrie nationale.

Il ne me paraît pas qu'aucun objet plus essentiel que l'instruction du peuple, après celui que je viens de démontrer, puisse attirer l'attention du gouvernement. Sa puissance, son indépendance et sa force m'y paraissent tellement liés, qu'il faut nécessairement qu'il prenne soin de l'éducation du peuple s'il veut prévenir sa corruption et son entier avilissement ; car lorsqu'il n'est pas privé de toute instruction, il est moins livré aux illusions de l'enthou-siasme et de la superstition, qui, parmi les peuples ignorans, ont si souvent produits les plus affreux désordres. Il est alors moins sujet à se laisser égarer, dans une opposition inutile, et qu'il n'est pas nécessaire d'élever contre les mesures du gouvernement.

Si dans les écoles communales on enseignait les parties les plus essentielles de l'éducation du peuple, je veux dire à lire, à écrire, à compter, la morale, les devoirs de l'homme envers Dieu, son souverain et sa patrie, les premiers élémens de la géométrie et de la mécanique, l'éducation littéraire de cette classe de citoyens aurait toute la perfection qu'elle peut avoir ; il n'est presque pas de métier, quelque simple qu'il soit, où l'on ne puisse, en certains cas, faire l'application des principes de la géométrie et de la mécanique. Il n'est pas facile à concevoir jusqu'à quel point cette espèce d'éducation influera sur le développement des arts et de la perfection des manufactures. Les livres où les enfans apprennent à lire ne devraient traiter que de la morale, et des principes de géométrie et de mécanique.

Bientôt la demande qu'on fait de ces talens produirait ce qu'elle produit toujours ; le talent de les donner et l'émulation qui ne manque pas d'exciter une concurrence illimitée, porterait ce talent au plus haut degré, et fournirait les maîtres nécessaires.

Le gouvernement pourra faciliter cette éducation ; il pourra en inspirer le goût, et obliger même à l'acquérir.

Il en facilitera l'acquisition, s'il établit dans chaque commune une école, ou pour un prix modique qu'un simple ouvrier puisse donner, les enfans du peuple soient enseignés.

Il en inspirera le goût, s'il distribue de légères récompenses aux enfans qui se sont faits remarquer par des progrès.

Il fera au peuple une obligation d'acquérir ces connaissances, s'il soumet, après un certain nombre d'années, chaque homme à la nécessité de subir un examen ou une épreuve, avant qu'il soit

admis à remplir aucune fonction publique, compatible avec son état.

Je n'ai traité de cette matière que
pour prouver combien l'éducation du
peuple peut influencer sur le bonheur,
la tranquillité et la prospérité nationales.

CHAPITRE III.

Commerce.

L'agriculture fait naître les subsis‑
tances, les manufactures les retiennent,
les font servir en entier à la population
nationale, et le commerce, par ses capi‑
taux et son intelligence, favorise à-la-
fois les produits de la terre et ceux de
l'industrie. Les lois invariables du com‑
merce doivent, je crois, se résoudre à
ceci :

1° Liberté entière de l'industrie, si
elle ne se trouve pas en opposition avec
la sûreté de l'État ;

2° Liberté de l'exportation des pro‑
ductions artificielles et naturelles, parce
que le débit d'une denrée est la source
de son abondance;

3° Liberté de l'importation des den-

rées et des matières premières qui ne font
pas concurrence avec celles indigènes ,
et qui offrent des matériaux à l'industrie nationale ;

4° Liberté de l'importation des objets de luxe , et de toutes les productions artificielles, quoique soumis à des
droits, pour en même temps favoriser
l'établissement et les progrès de nos manufactures, et procurer un revenu à
l'Etat ;

5° Importation et exportation des
grains , limitée par la consommation et
par le produit, réservée au gouvernement ;

6° Prohibition de la sortie des métiers et mécanismes de manufactures ;

7° Découragement de l'exportation
des charbons de terre soumis à des
droits ;

8° Exportation des objets manufac-
turés qui sont particuliers à la France ,
et qui est nécessairement recherchée
par les étrangers , soumis à des droits.

Je laisse au gouvernement le soin d'arrêter la sortie des matières premières, en encourageant le travail et l'industrie, en facilitant l'établissement des fabriques et manufactures, et en donnant des gratifications aux inventeurs d'arts, métiers et mécanismes qui facilitent, abrègent le travail, ou le distribuent en des ramifications plus convenables.

Les encouragemens accordés aux artistes ou manufacturiers qui se distinguent par la perfection de leurs ouvrages, font naître une heureuse émulation entre tous les ouvriers de la même profession. Leurs effets ne sont pas de détruire l'équilibre entre les différens emplois de la société, mais de les amener tous dans leur ouvrage respectif à la plus grande perfection possible.

A la défense d'exportation des métiers et machines de manufactures, on joindrait un règlement à-peu-près semblable à celui qui existe en Angleterre, qui porterait que tout ouvrier de nos manufactures qui aura passé en pays étranger, et qui y exercerait ou enseignerait sa profession, et qu'ensuite averti par l'ambassadeur, l'envoyé ou le consul, de rentrer dans sa patrie pour l'habiter et y demeurer continuellement, ne rentrerait point six mois après l'avertissement donné, serait incapable de recevoir aucun legs de la part d'un habitant du royaume, ou de prendre possession d'aucune terre qui pourrait lui écheoir par héritage, par legs ou par acquisitions, et qu'il deviendra étranger sous tous les rapports.

Comme par la diminution du prix de la main-d'œuvre, nous aurons bientôt obtenu un monopole contre toutes les autres nations ; et quand même les amateurs capricieux de la mode préféreraient les marchandises étrangères, uniquement parce qu'elles sont étrangères à celles du pays qui sont de la même espèce, quoique moins chères et d'égale qualité, cette folie s'étendrait à un si petit nombre d'individus, que l'effet en serait insensible sur la situation générale du peuple.

Comme le charbon de terre est une production minérale, laquelle ne se reproduit point, et que l'usage en est indispensable pour nos manufactures, une saine politique exige que l'exportation en soit découragée.

La contribution des douanes sera entièrement volontaire, parce qu'il dépendra entièrement d'un chacun de consommer ou de ne pas consommer la marcha nise imposée.

On ne peut diminuer la tentation de frauder, qu'en diminuant l'impôt; et on ne peut diminuer la difficulté de frauder, qu'en en embarrassant l'action, en donnant l'amende au dénonciateur dont le nom resterait inconnu.

Si toute marchandise qui aurait dépassée vingt lieues la ligne des frontières

n'était sujette à aucune visite ou perqui-
sition, le commerce ne serait plus gêné
et jouirait dans l'intérieur de toute la liberté possible.

Lorsqu'un pays a le bonheur de tenir
de son sol ou de l'intelligence de ses
habitans une sorte de biens particuliers ,
et qui seront nécessairement recherchés
par les étrangers, c'est leur faire payer
une portion de nos dépenses de la société , que de mettre des droits à la
sortie de ces marchandises, seulement
après que ces matières auront été fabri-
quées, afin d'augmenter nos droits sur
les autres nations ; car s'il n'y avait point
d'impôts sur cette exportation, il tour-
nerait au profit du vendeur étranger, et
serait parfaitement indifférent au vendeur national.

Tous les impôts sur l'exportation des
objets qui ne nous sont pas particuliers,
ne sont ni sages, ni politiques, c'est se
nuire à soi-même.

Dans un pays tel que la France, il ne faut pas s'arrêter à une futilité telle que ce qu'on appelle balance de commerce ; la nation la p'us favorisée par la nature, a nécessairement cette balance naturelle à son avantage ; car les causes qui accroissent dans un pays toutes les richesses mobiliaires, y accroissent aussi la somme de l'argent, puisque la somme des marchandises que nous avons fournies au-delà de ce que nous pouvons recevoir, s'acquitte en argent.

Ces principes, une fois bien suivis , on ne verra plus faire des échanges contre des travaux que nous pourrions encourager chez nous.

Si la terre peut suffire pour captiver ses propriétaires et cultivateurs, le commerce et l'industrie ne connaissent d'autre chaîne que le bonheur et la liberté.

En même temps qu'il est un objet de revenu, le thermomètre des douanes servira à contrebalancer les lois prohibitives des autres nations, et à défendre

les produits de notre industrie, contre
la concurrence de l'industrie étrangère.

SECTION PREMIÈRE.

Colonies.

Dès que les cafés, les épiceries et les
drogueries que notre climat ne peut produire, font partie des désirs de l'homme,
et qu'on cherche à se les procurer, il
est sans doute beaucoup plus avantageux de le faire par la propriété, le dé-
frichement et la culture d'une colonie,
que par des achats faits chez l'étranger;
car par cette dernière méthode, nous
nourririons leurs colons, leurs naviga-
teurs et leurs marchands, et par l'autre,
nous nourririons les nôtres. Tout ce que
j'ai dit sur les manufactures et le commerce s'applique à de telles colonies.
Il faut que les colons soient regardés
comme membre du même État, en sorte
qu'avec deux terres différentes il règne

le même esprit ; les avances et encouragemens des premiers établissemens
peuvent être également à charge du
revenu public. Les magasins et la méthode de conserver les blés, les casernes et magasins télégraphiques fortifiés,
dont je parlerai dans la suite, leur seront d'une grande utilité ; ils serviront,
d'une manière bien efficace, à la sûreté
de chaque colonie.

CHAPITRE IV.

Force publique.

CET âge d'or ne subsisterait point long-temps, si le souverain, pour satisfaire au premier de ses devoirs, qui est de protéger ses sujets contre la violence et l'invasion que pourraient tenter les états voisins, et chaque membre contre l'injustice des autres membres, n'avait pas une force militaire proportionnée à la population. Ces deux vertus de la Grèce et de Rome, l'amour de la patrie et le fanatisme de la gloire, ne peuvent plus être l'unique force des États. La perfection de la discipline guerrière, rendant les hommes égaux par la force de l'obéissance dans la volonté d'un seul, a soustrait la puissance des nations à celte ancienne influence des mœurs et de l'énergie.

Le luxe, ou plutôt celte aisance générale, fils naturel de la loi des propriétés, de l'industrie, du travail et du temps, amollit sans doute les mœurs ; mais comment interdire le luxe en France ? faudrait-il empêcher les hommes d'être industrieux, et la terre d'être fertile ? La richesse et le luxe, qui marchent toujours à la suite des progrès de l'agriculture et des manufactures, exigent donc que la sagesse de l'Etat assure, non-seulement la défense publique, mais encore qu'elle puisse vaincre sans contrainte, les occupations, le génie, les habitudes du peuple et le familiariser avec les exercices militaires, de sorte que, dans les circonstances extraordinaires, un certain nombre de citoyens puisse joindre, en quelque sorte, à la profession qu'il avait embrassée, le métier de soldats. Pour faciliter ce but, la prudence de l'Etat doit faire que tout

citoyen trouve de l'avantage à être guer-
rier, et ait l'esprit militaire ; il faudrait
alors entretenir moins de troupes ; d'un
côté, elle aiderait beaucoup à la résis-
tance que l'armée opposerait à un usurpateur, et de l'autre, il en embarrasse-
rait l'action, si on cherchait à la di-
riger contre la constitution de l'Etat ;
et quoiqu'on estime, qu'à moins de se
ruiner pour se défendre en frais de service militaires, les nations civilisées ne
peuvent ranger sous les drapeaux que
la centième partie de la population générale, et que la guerre et les prépa-
ratifs pour la guerre sont, dans nos
temps modernes, les deux circonstances
qui occasionnent la plus grande partie
des dépenses que doivent faire tous les
grands Etats, j'entreprendrai de prouver l'insuffisance de l'un et l'autre de ces
raisonnemens.

SECTION PREMIÈRE.

Recrutement de l'armée de terre en temps de paix et en temps de guerre.

Supposons une province, composée de 1,000,000 d'habitans, dont 500,000 hommes et 500,000 femmes ; que le terme moyen de la vie de chacun soit de soixante ans, et que la moitié des enfans du peuple meurent avant l'âge de quinze ans, cette population mâle restera à 456,667, dont 72,778 de dix à vingt, de vingt à trente, de trente à quarante, de quarante à cinquante, de cinquante à soixante ans.

Que les personnes de vingt à trente ans seulement concourrent à la défense commune ; qu'après cet âge tout citoyen ait satisfait à ses obligations envers sa patrie, et soit entièrement libéré du service militaire quelconque ; que la durée

de ce service serait de deux ans, que
l'armée serait, en temps de paix, d'un
pour cent de la population mâle; qu'en
temps de guerre, laquelle, d'après l'un
des avantages attachés à la constitution,
ne saurait plus avoir lieu que dans l'intérêt, la gloire et la défense de tous, elle
pourrait être augmentée par une partie
ou par toute la population de vingt à
trente ans sans exception quelconque,
si le territoire était menacé d'invasion,
sauf à ceux qui occupent des places publiques à se faire remplacer, et à ceux
qui ont quelques infirmités de les faire
constater; que ceux qui voudront jouir
du remplacement payeront de 300 à
6000 francs divisés en vingt classes de 3
en 300 fr. par an, d'après les facultés ré-
ciproques; que le remplacement annuel
de ceux qui ont fait leurs deux années
de service, se fasse, par le sort, parmi
les jeunes gens de vingt à vingt-un ans;
qu'en temps de guerre, le service soit
limité à la paix de ceux qui ont été ap-

pelés auxiliairement ; que l'indemnité
du remplacement serait payée d'avance,
et au prorata ; *que tout remplaçant
devrait être pris parmi les personnes
de trente à quarante ans , ou parmi les
étrangers de dix huit à trente ans ;
que tout individu qui aurait remplacé
pendant un terme biennal* devrait laisser
écouler quatre ans avant de pouvoir
remplacer de nouveau ; que les citoyens
qui auraient fait ce service par eux-
mêmes, et de préférence, ceux qui auraient reçus des blessures honorables en
soutenant l'honneur et l'indépendance
de l'Etat, seraient exclusivement admis
à occuper toutes les places pour lesquelles une étude des lois n'est pas de
rigueur, et autres que celles de culte ;
qu'en temps de paix , l'arme du génie et
de l'artillerie soit toujours au grand
complet de guerre ; que chaque officier
ait tous les ans un semestre, pendant lequel temps il n'aurait que moitié solde ;
en sorte que la moitié du corps des offi-

ciers soit toujours présent au corps, pendant que l'autre moitié jouit du sémestre; que tout militaire, après vingt ans de service effectif, jouirait, ainsi que celui qui aurait été réformé pour cause de blessures reçues devant l'ennemi, et la veuve du militaire mort au champ d'honneur, de la solde entière des grades respectifs; que les orphelins des militaires seront élevés par la munificence du gouvernement jusqu'à l'âge de dix-huit ans; que tout officier aurait acquis le rang de noblesse et de celle héréditaire, quand il aurait atteint un grade désigné.

Si le gouvernement avançait tous les frais nécessaires pour l'établissement des bureaux de postes aux chevaux et pour l'achat des chevaux et voitures, et qu'il se réservât le service des messageries et des roulages accélérés, il se formerait non-seulement un surcroit de revenus, mais il emploierait une quantité de bons chevaux, qui serviraient à fournir une cavalerie disciplinée et nombreuse: chaque homme qui aurait fait son service biennal dans la cavalerie, connaissant dès-lors les manœuvres , serait admis exclusivement à tout autre à compléter le corps des postillons qui serait très-considérable. En temps de guerre, en en prenant un nombre déterminé par poste, on formerait en peu de jours une belle cavalerie, aussi nombreuse que les circonstances pourraient l'exiger. Les postillons jouiraient toujours d'un traitement fixe, soit qu'ils fassent le service ou qu'ils soient à l'armée; et à l'âge de quarante ans, ils jouiraient de la demi-solde.

Si le courier, avant de quitter le relais, payait les barrières et les courses qu'il a faites , et était obligé d'être porteur d'un bulletin qui indiquât l'heure et l'instant du départ, et l'heure et l'instant de l'arrivée au relais suivant, le courier et le gouvernement gagneraient à ce nouvel ordre de choses: le premier,

en ce qu'il serait assuré de faire sa course
avec toute la célérité possible, et qu'il
ne payerait aucun temps pour le péage
des barrières ; le gouvernement, en ce
que les chevaux seraient mieux conser-
vés par cette méthode , puisque le pos-
tillon ne pourrait, sous peine de desti-
tution , arriver avant ni après cette
heure, et qu'il serait obligé de revenir
au pas.

Si tout le roulage accéléré était établi
de la même manière , tout le charrois
militaire, et le transport de l'artillerie et
des munitions, des troupes mêmes , se
ferait avec la plus grande célérité. Les
maîtres de poste pourraient surveiller
toutes ces différentes dispositions; les
marchandises seraient transportées à
beaucoup meilleur compte, avec toute
la sûreté et la garantie possible. Le
gouvernement aurait intérêt à la conservation des routes : il resterait à chacun
la liberté de faire transporter lui-même
ses marchandises.

Ne pense-t-on pas que le peuple aurait alors une éducation militaire bien naturelle et bien volontaire; que par l'intervalle entre chaque remplacement on oblige toute la population de vingt à trente ans de faire un cours d'éducation militaire biennal, par elle-même ou par leurs remplaçans; que celui qui aurait atteint l'âge de trente ans pourrait jouir, au sein de sa famille, de toute la sécurité attachée à la domination d'un tel gouvernement; que la défense de l'Etat ne serait plus à charge du revenu public; que ceux seulement que leurs occupations ou autres raisons retiendraient chez eux, en se faisant remplacer, paieraient toute la dépense ordinaire de l'armée, à tel nombre qu'elle soit portée; que celui qui voudra servir par lui-même y trouvera de l'avantage, et qu'on ne verrait plus des mutilations volontaires qui font frémir l'humanité, pour se soustraire à un service indéfini, ni des amendes qui ruinent les parens et la famille, bien

souvent innocens, du déserteur ou soup-
çonné de désertion.

De quel fardeau serait allégé le revenu de l'Etat! quelle force pourrait-on
mettre en mouvement! L'Europe entière pourrait-elle résister aux mouvemens spontanés d'une telle combinaison, au choc des soldats disciplinés,
dans la vigueur de l'âge, instruits par
la théorie et la pratique de la science
militaire, pénétrés de l'amour et de
l'indépendance de la patrie, et de re-
connaissance envers le souverain! Le
territoire de la France pourrait-il jamais être violé!

SECTION II.

*Casernement des troupes; du système
de guerre défensive, et Fortification
régulière.*

Comme administrateur et comme militaire, j'ai été souvent à même de voir

de quelle utilité il peut être de remédier
au plutôt au manque des casernes et des
hôpitaux convenables pour le logement
des troupes : comme administrateur, j'ai
souvent désiré de voir des casernes sa-
lubres établies convenablement pour le
logement des troupes et pour le soula-
gement des habitans : comme militaire,
j'ai dû remarquer de quel avantage il
serait pour l'Etat et pour le soldat, si,
dans chaque département, il y avait une
caserne de cavalerie et d'infanterie, le
soldat ne devant pas faire des marches
et contre-marches à pure perte pour se
loger ; les officiers pourraient mieux
maintenir la discipline, et on ne mettrait
pas sur le malheureux habitant des routes
militaires un des plus grands impôts, le
logement, ne fût-ce seulement que par
le dérangement qu'il occasionne. Il n'y a
pas de doute que le soldat serait mieux
nourri dans les casernes, que le mouvement des troupes serait plus rapide, et
que la désertion des soldats serait plus

difficile, s'il pouvait encore en avoir. On pourrait rassembler les troupes dans un moment toutes les fois qu'on en a besoin; on pourrait empêcher le soldat de se livrer dans bien des égaremens qui le ruinent, lorsqu'il est logé chez le bourgeois, outre quantité d'autres inconvéniens que l'on peut prévenir.

L'art de la fortification est susceptible de règles et de principes particuliers. Les forteresses sont nécessaires dans un pays pour soutenir le mouvement des troupes, leur servir de retraite, contenir l'ennemi, et le forcer d'employer une grande partie de ses armées à former les blocus.

Une observation, qui ne se trouve que trop souvent confirmée dans les annales de l'histoire, et qui me paraît digne de remarque, c'est que les trois-quarts de villes et forteresses dont on a formé le blocus, s'est rendu faute de vivres, et après qu'une partie des garnisons et des habitans avaient été la victime des mala-

dies épidémiques, et qu'ils avaient es-
suyés un siége qui avait souvent causé
l'incendie d'une partie des villes, et occasionné quelquefois en un jour la perte
de l'accumulation du travail de plusieurs
générations.

Cette partie essentielle de l'art militaire, est susceptible de grandes améliorations. Ne pourra-t-on jamais par-
venir à ne pas faire rejaillir sur le
paisible citoyen, tous les malheurs de
la guerre? Ne pourrait-on pas adopter
une tactique, par laquelle on empêcherait un usurpateur de pénétrer inopiné-
ment au sein des États pour y porter la
dévastation et le deuil?

Dans les siècles barbares, on se mettait à l'abri des invasions, des incendies et des pillages, par des enceintes
qu'on formait autour des villes. On
adapta peu à peu ces ouvrages à la ré-
sistance qu'ils devaient opposer à la vé-
hémence de la poudre ; et quoi qu'on
n'ait atteint ce but que très-imparfaite-

ment, on laissa toujours l'asile des malheureux habitans des villes fortifiées et forteresses, en proie aux effets de la bombe et de l'obus.

L'on s'obstina à fortifier les villes. L'expérience ne nous forcera-t-elle jamais d'abandonner cette méthode barbare? Ne sert-elle donc pas a accélérer la rédition des places fortes? Elle oblige non-seulement de pourvoir à l'approvisionnement de la garnison, mais encore à celle des habitans. Combien de fois le commandant d'une telle place, n'a-t-il pas été obligé, par les sollicitations ou les menaces des habitans plus sensibles à leurs intérêts qu'à ceux de l'Etat, de céder à l'humanité, et de se rendre à la discrétion de l'ennemi? Combien de troupes ne faut-il pas pour garnir convenablement les remparts? Il s'en faut de beaucoup que la fortification soit portée à sa perfection; cette partie de l'art de la guerre a ses principes et ses règles; il ne faut pas s'imaginer qu'on puisse se rendre habile dans la guerre par la seule expérience, elle ne fait que perfectionner, et ne sert de rien, si l'on n'y joint l'étude des principes.

Le secret de la fortification ne consiste point à construire enceinte sur enceinte, ni à multiplier les ouvrages; mais à les construire les uns par rapport aux autres. On voit presque partout quantité d'ouvrages dont on peut sans doute éviter la moitié, s'ils étaient placés avec plus de discernement.

Sans prétendre établir des règles à ce sujet, il me paraît qu'une forteresse doit être établie de façon :

1° Que rien ne s'y trouve que ce qui est nécessaire à sa défense ;

2° Qu'avec mille hommes, elle puisse se défendre contre une armée fût-elle cent fois supérieure en nombre ;

3° Qu'elle puisse servir de refuge à vingt, à vingt-quatre mille hommes, et cinq ou six mille chevaux ou bestiaux ;

4° Qu'elle soit approvisionnée constamment pour cinq ou six ans, en temps
de paix comme en temps de guerre,
pour toutes les troupes qu'elle peut
contenir ;

5° Que tous les bâtimens qui s'y
trouvent soient indestructibles par la
bombe et par le boulet ;

6° Qu'elle puisse se défendre sans
perdre un seul homme ;

7° Qu'elle ne soit pas placée dans un
endroit bas , marécageux, malsain, et
où on manquerait d'eau pour les hommes et les chevaux ;

8° Qu'elle ait une fonderie , des ser-
ruriers , des armuriers , des charrons ,
des selliers , des brasseurs, des distillateurs , des boulangers et différens
autres métiers ;

9° Qu'elle commande tous les lieux
d'alentour à portée du canon, et tous les
ouvrages extérieurs ;

10° Que tous les ouvrages soient établis de façon que quand ils sont enlevés,

ils ne puissent point servir contre la place ;

11° Qu'il n'y ait aucun ouvrage qui ne soit flanqué dans toutes ses parties par un autre ouvrage, de sorte que l'ennemi n'y puisse paraître sans être vu par le canon, et même de la mousqueterie des ouvrages voisins ;

12° Qu'elle ait des lignes de défenses rasantes, plutôt que fichantes ; et enfin, qu'on puisse y mettre, sans embarras, des magasins et les paysans des environs avec leurs familles, leurs bagages et bestiaux.

Je crois avoir réuni tous ces avantages dans un modèle de casernes et magasins télégraphiques fortifiés, indestructibles par la bombe et le boulet.

Je supposerai un exemple qui soit applicable à nos recherches.

Qu'on se représente un pays où il n'y ait aucune ville fortifiée, et dont les frontières et des lignes dans l'intérieur soient hérissées de ces casernes, à distance de dix à quinze lieues, placés sur des rivières ; que dans chacun d'eux établis par département au moins, il y ait un télégraphe par lequel ils puissent se communiquer mutuellement les ordres supérieurs ; que toutes ces casernes fortifiées puissent contenir l'approvisionnement de blé d'une année de toute la population ; qu'en temps de guerre, et au cas d'une invasion, je ne laisse aux habitans les plus exposés, que le blé strictement nécessaire jusqu'à la moisson suivante ; que je détruise même cette nouvelle moisson à mesure que l'ennemi avance, sauf à indemniser les propriétaires ; que toute la population de vingt à trente ans, ayant subi, comme je l'ai expliqué, une éducation militaire théorique et pratique, soit app lée et équipée dans les casernes, d'où ils pourront circuler facilement de l'un à l'autre ; comment l'ennemi entrera-t-il dans ce pays ? De quoi vivra-t-il ? Comment pourra-t-il faire passer

son artillerie et ses bagages ? Comment
en sortira-t-il ? Et quel poste trouvera-
t-il pour appuyer ses mouvemens ? Ne
serait-il pas plus avantageux de réser-
ver la défense dans l'intérieur de la fortification même ? L'assiégeant pourrait-
il former sa ligne de circonvalation en
sûreté, tandis qu'en quelques heures les
troupes des autres casernes pourraient
se présenter et arriver en même temps,
à l'aide des signes télégraphiques, pour
détruire les batteries de l'ennemi ? Un
siége d'un tel fort ne serait-il pas une
affaire d'artillerie seulement, sans qu'on
puisse jamais perdre un seul homme
pendant un long et vigoureux siége ?
Ne diminuera-t-on pas par ce moyen le
nombre de garnison ? Les rivières pas-
sant au milieu des bâtimens, l'assié-
gé n'aura-t-il pas un grand avantage
pour les sorties ? Pouvant découvrir au
loin, il pourrait faire des attaques sur
l'une ou l'autre rive indifféremment ;

tandis que l'ennemi devrait construire des ponts.

Tout le contour de la place n'est-il pas constamment en état de défense? Les villes seront-elles encore exposées à être réduites en un tas de pierres? Enfin n'épargnerait-on pas les hommes?

Ce nouveau système ne serait-il pas plus économique? Et quand même il ne le serait pas, ne vaut-il pas mieux sacrifier des maçonneries que des hommes?

En 1757, lorque la ville de Prague fut détruite par les bombes, le commandant du siége fit sommer le duc Charles de Lorraine de rendre la ville; celui-ci fit répondre que la guerre finie avec les bourgeois, il trouverait son monde sur les remparts, qu'il était résolu de bien défendre.

SECTION III.

Marine.

Comme la sûreté et l'indépendance de la France dépendent beaucoup de sa marine, il est nécessaire pour cet objet comme pour la manutention du grain, de départir du principe que j'ai établi de la liberté de l'industrie, en donnant le monopole du commerce extérieur à nos matelots, en soumettant à des droits considérables l'importation par les navires étrangers dont les propriétaires, les maîtres et les trois-quarts des matelots ne sont pas français, ce qui nous procurerait insensiblement assez de matelots pour faire respecter notre pavillon, et protéger notre commerce.

On augmenterait encore le nombre des navires et des matelots, en accordant des primes pour l'encouragement des pêcheurs, et on entretiendrait,

par ce moyen, une marine considérable à peu de frais, disponible au moment que la défense de l'Etat pourrait
l'exiger.

De cette façon, la marine ne serait
pas plus à charge du revenu public que
les troupes de terre.

CHAPITRE V.

Des finances.

La nature des impôts, et les dépenses que la régie et la perception occasionnent, ont une grande influence sur le travail, et par conséquent sur les richesses nationales dont il est la source.

Les impôts sur les productions sont les plus naturels et les plus faciles à percevoir; ils le seraient encore davantage, s'ils étaient établis sur l'arpent de terre et non sur une opinion arbitraire et variable de sa valeur.

Les impôts sur les consommations ne sont en général qu'une répétition des impôts sur les productions; comme il est égal au consommateur que le prix d'une denrée soit renchérie par l'impôt payé lors de sa production, ou par l'im-

pôt qu'on lui demande lorsqu'il achète
cette denrée, dès-lors la perception de
ces derniers impôts qui exigent l'entretien d'une multitude d'espions, de sur-
veillans, de gardes, sont entièrement
inutiles, puisqu'ils occasionnent un impôt supplémentaire sur le peuple, sans
que l'Etat en profite; enfin ce genre de
taxes, en rendant la fraude facile, y font
tomber les uns par ignorance les autres
par avidité.

Les impôts sur les objets de consommation de luxe seulement, perçus aux
entrées des villes, tout en augmentant
leur revenu, ont un grand objet d'utilité, puisqu'ils empêchent que le reste
d'une nation ne soit composée que de
pauvres laboureurs, ils servent donc à
encourager la culture des terres. Il résulte peut-être de ces observations, que
les impôts sur la consommation des denrées de nécessité, peuvent toujours être
remplacés sans le moindre inconvénient par une addition d'impôts sur la

terre ; parce que les impôts sur des objets nécessaires à tous les individus ,
pauvres ou riches, constituent toujours
le prix de la main-d'œuvre , soient qu'ils
soient perçus en recueillant ou en con-
sommant ; mais les impôts sur les objets
de consommation de luxe , sont dans un
cas différent ; ils n'influent pas sur les
prix élémentaires des choses. Par la sup-
pression des impôts sur les objets de
consommation de nécessité , et sur les
matières premières des manufactures ,
les ouvriers se trouveraient en état de
vivre mieux , de travailler à plus bas
prix et de vendre leur marchandises à
meilleur compte ; le bon marché des
marchandises en augmenterait la demande , et conséquemment celle du travail des ouvriers qui les produiraient ;
cette augmentation dans la demande du
travail, accroîterait le nombre, et amé-
liorerait la situation des ouvriers. Ainsi,
par ces moyens, et par la perfection des
mécaniques qui abrègent le travail, nous

maintiendrions cet heureux équilibre entre la demande du travail et le bas prix des objets de première nécessité, qui nous donnera constamment un avantage sur le commerce de toutes les autres nations.

De toutes les manières de former le revenu public d'un État, il n'en est point, je crois, qui soit plus défavorable à sa prospérité et à l'accroissement de sa population, que le double impôt sur le produit des terres et sur les objets de consommation de première nécessité. Quoiqu'un semblable système de finances retarde plus ou moins la marche naturelle d'une nation vers la richesse, c'est-à-dire, vers l'aisance publique, elle n'est cependant pas en état de l'arrêter tout-à-fait, et encore moins de la faire rétrograder; les efforts naturels que fait sans cesse chaque individu pour améliorer son sort, sont un principe de conservation capable de corriger les effets d'une économie politique vicieuse;

heureusement, la sagesse de la nature a mis dans les corps politiques, plus d'un moyen de remédier à l'incapacité de l'homme, ainsi qu'elle a mis dans le corps humain, un principe qui remédie aux effets de l'intempérence.

Les impôts sur le produit territorial, élèvent le prix de tous les objets de première nécessité, tel que la nourriture, le chauffage, l'éclairage, l'habillement et le logement du peuple et de l'artisan. Ils contribuent donc d'une manière bien puissante, à élever le prix de la journée du travail, et celui de toutes les denrées et marchandises. En un mot, ces impôts et ceux sur les objets de consommation de nécessité, ne font pas seulement monter le salaire du travail, mais en diminuent la demande. Pour remédier à ces mauvais effets, on a dû se servir du thermomètre des douanes, ou donner des gratifications aux exportations; dans le premier cas, on augmentait le prix des marchandises importées; on en resserrait la vente, et par conséquent le revenu de l'Etat ; dans le second cas, on mettait deux impôts additionnels sur le peuple, 1° pour payer ces gratifica-cions ; 2° par l'augmentation du prix de la marchandise restante dans l'intérêt ; ou bien on devait renoncer au commerce extérieur, ou bien, en donnant des gratifications, on favorisait une es-pèce d'industrie pour en dépriser une autre.

Par cette augmentation forcée du prix des marchandises, on peut assi-miler notre commerce étranger à un marchand qui, sans gratification, en-treprend de commercer concurrem-ment avec ceux dont le commerce jouit d'une gratification considérable par la modération des impôts sur les objets de première nécessité ; car un impôt sur les objets de nécessité, agit exactement de la même manière qu'opérerait un impôt sur le salaire du travail.

Le revenu public est maintenant, de

deux manières, plus onéreux au peuple qu'avantageux à l'Etat ;

1° Parce que les frais de perception et de régie sont hors de proportion avec le revenu, et qu'ainsi ils exigent une contribution additionnelle sur le peuple;

2° Parce qu'ils exigent constamment des visites et des recherches odieuses des employés, qu'on expose le peuple à une inquiétude, à des vexations, et à une oppression extrêmement inutie; et, quoique ces recherches vexatoires ne soient pas à la rigueur une dépense, néanmoins, il est certain qu'elles équivalent à la somme que chacun serait disposé à donner pour s'en racheter.

Mais comment remédier à tous ces inconvéniens? C'est ce que nous allons examiner.

J'établirai d'abord pour principe invariable, qu'on peut laisser tout individu libre de contribuer, ou de ne pas contribuer à former le revenu public d'une nation; je passerai successivement en

7.

revue les objets sur lesquels on peut se
permettre d'imposer des droits.

SECTION PREMIÈRE.

Banque publique.

Il est évident qu'un Etat, qui par un
papier, a rendu productif au-dehors la
monnaie et l'or et l'argent en circulation, profite de cette augmentation de
revenu, tant que le papier qu'il a in-
troduit jouit d'une parfaite confiance.
Si la banque paie immédiatement son
papier à l'instant qu'il lui est présenté,
il ne peut alors y avoir aucun risque
pour le public. Sans cette condition indispensable, il est aussi dangereux pour
le gouvernement que pour le particulier, d'émettre et de recevoir le papier
mis en circulation; il est dans la nature
des hommes que la confiance publique ne
soit pas durable Il y aurait en Angleterre,
où la somme des billets dépasse de beau-

eoup le montant des espèces qui sont à la banque, une crise dont on ne pourrait pas calculer les effets, si elle cessait par quelques évènemens extraordinaires.

Une banque publique qui conduit ses opérations avec sagesse, sert à augmenter considérablement le produit de la terre et du travail ; elle peut accroître, favoriser et donner tout l'élan possible à l'industrie nationale, c'est-à-dire, à l'établissement des manufactures et aux améliorations des terres Quoique les principes de la banque semblent avoir quelque obscurité, il n'est pas moins vrai qu'on peut en réduire la pratique à des règles invariables, à une sorte de routine, ou à une méthode tellement uniforme, qu'elle ne souffre pas de variations.

Une banque publique peut agir comme grande machine d'État, elle peut recevoir tout le revenu public, et solder toutes les dépenses et traitemens. Il pourrait être accordé des comptes de caisse pour une somme déterminée à tout propriétaire ou manufacturier domicilié, qui serait propriétaire d'un fond de terre, assez bon pour servir de sûreté et répondre de la somme avancée et des intérêts, et qui de plus, présenteraient deux personnes bien famées qui répondraient, et certifieraient que la valeur du bien-fond est suffisante pour répondre du crédit donné, ainsi que de l'intérêt fixé à un et demi pour cent par mois. Ces sommes, ainsi avancées, pourraient se rembourser partiellement à la volonté du prêteur, et l'intérêt diminuer en proportion. Quoiqu'à mesure que la richesse, l'industrie et la population s'élèvent, l'intérêt de l'argent décline, la banque servirait à maintenir l'équilibre de cet intérêt, et les capitalistes, las d'attendre des placemens usuraires, seraient forcés de faire refluer leur fonds vers l'agriculture et le commerce, au taux établi par la banque. Il n'est guère possible de calculer quel avantage cette mesure procurerait à l'agriculture et aux manufactures, de combien elle pourrait seconder sans cesse les établissemens utiles, et de combien le revenu de l'Etat serait augmenté.

De quelle utilité cette banque serait-elle, si elle établissait des sucursales dans chaque département et provinces qui recevraient tous les revenus, et paieraient l'intérêt de toutes les rentes. La manutention des grains qui favorise, comme je l'ai prouvé ci-dessus, le cultivateur, le consommateur, augmente la sûreté et la prospérité de l'Etat ; les douanes, qui défendent l'industrie domestique contre l'industrie étrangère, les dividendes et intérêts annuels de la banque qui encouragent les améliorations de l'agriculture, l'établissement de manufactures ; les plantations sur les grandes routes qui garantissent les voyageurs et les marchandises de l'ardeur du soleil, et en donnant un grand revenu à l'Etat, feront un jardin de la France; ne donneront-ils pas annuellement au delà de 1,400,000,000 net. Cette somme ne suffirait-elle pas pour payer toutes les dépenses extraordinaires de l'Etat, et combler le déficit qui pourrait se trouver dans le revenu que je destine à payer les dépenses d'administration que je vais passer en revue ?

Le capital de la banque peut encore être augmenté par le produit de ventes de tous les biens appartenans aux établissemens publics, autres que les châteaux, palais, parcs royaux, que les forêts nationales propres seulement à élever les bois de construction, et tous les bâtimens servans aux établissemens publics, dont la banque payerait l'intérêt à trois pour cent l'an ; et si ces ventes se faisaient par lots de tontine, quelle somme n'en obtiendrait-on pas au-delà de la valeur courante de ces biens? Une fois entre les mains des particuliers, ils seraient mieux cultivés, et les établissemens en auraient plus de revenus, si à l'avenir le produit de la vente de toutes les donations, étaient constituées en rente sur la banque, quelle facilité ne résulterait-il pas pour l'administration, et quel avantage pour le grand corps de la société ?

Le gouvernement ne doit pas plus s'occuper de conserver ou d'augmenter la quantité de l'or et de l'argent, que pour garder ou accroître toute autre denrée utile : la seule liberté de commerce procurera cet avantage à un degré suffisant. Un pays assez riche pour acheter de l'or ou de l'argent, ne manquera jamais de ces métaux pour lesquels, ainsi que pour toutes les autres marchandises, il faut toujours donner un certain prix ; et comme ces métaux sont le prix de toutes les autres marchandises, ces marchandises, à leur tour, sont le prix de ce métaux. Comme la quantité de chaque espèce de marchandises que peut acheter ou produire l'industrie , suit pour règle naturelle dans chaque pays, ou la demande effective, ou la demande vraisemblable que doivent en faire les acheteurs : nulle autre marchandise ne suit, avec plus de précision, et le facilité, cette règle de la demande effective, parce que ces métaux, à raison de leur peu de volume et de leur grande valeur, se transportent plus aisément des lieux où ils sont à bon marché, à ceux où ils sont à un prix élevé, des pays enfin, où ils dépassent la demande effective, aux endroits qui ne l'atteignent pas. Lorsque la quantité d'or et d'argent qu'on importe dans un pays, s'élève au-dessus de la demande effective, il n'est aucun gouvernement dont la vigilance puisse arrêter l'exportation de ces métaux. Si, au contraire, la quantité qu'un pays en possède, se trouve tellement au-dessous de la demande effective, qu'on y en donne plus cher que dans les contrées voisines, pourquoi le gouvernement prendrait-il la peine de les faire importer, lui qui , s'il voulait l'empêcher d'arriver, ne le pourrait pas ? Quand les manufactures sont privées de leurs matières premières, l'industrie s'arrête ; quand le pain manque, le peuple meurt de faim ; mais si c'est l'argent, on peut le suppléer par la voie des échanges, ou par un papier-monnaie bien réglé, lequel produirait, sans aucun inconvénient, quelques avantages dans plusieurs circonstances. L'État qui a la faculté d'acheter dans les pays étrangers, peut également exporter ou entretenir la guerre sans or ni argent, en y faisant passer une portion du produit annuel brut ou manufacturé, ou lorsqu'il conclut avec un négociant des traites payables en pays étrangers, ce négociant cherchera naturellement à payer ses correspondans étrangers, sur lesquels il avait tiré des lettres-de-change, en envoyant au-dehors plutôt des marchandises que de l'argent. Si ce pays n'avait aucun besoin de nos marchandises, le

négociant chercherait alors à les envoyer dans un autre, où il était facile
d'avoir une lettre-de-change à tirer sur
le premier. Les transports de marchandises, lorsqu'elles arrivent à ceux qui les
demandent, est toujours accompagné
d'un profit considérable ; et si le gouvernement se réserve un léger bénéfice sur la monnaie, la monnaie nationale ayant plus de valeur dans l'intérieur
que chez l'étranger, refluera constamment vers sa source : c'est ainsi que la
vigilance du gouvernement ne peut jamais être plus inutile, que lorsqu'elle
s'occupe de conserver, ou d'augmenter
la quantité d'or ou d'argent dans un
pays, et c'est ainsi que l'institution libre
et volontaire d'une monnaie de banque
peut augmenter la richesse d'un État.

En portant la population de ce
royaume à 36,000,000 d'habitans, et en
supposant toutes les récoltes abondantes, le paiement de la récolte annuelle
des grains se montera, moitié seigle,

moitié froment , à fr. 1,755 000,000 ; le
revenu ordinaire de l'Etat , en y com-
prenant 900,000,000 de bénéfice sur la
manutention des grains , s'élevera à
1,400,000,000 fr. la vente des domaines
de tous les établissemens publics, les
donations devant être dans la suite constituées en rente sur la banque, à charge
d'en payer l'intérêt aux communes ou
aux établissemens publics, augmente-
raient encore le numéraire de la banque
de 400,000,000 au moins, en sorte
qu'avec 1,755,000,000 rentrant gra-
duellement à fur et mesure de la consommation des grains , il y aurait annuellement en circulation au trésor
3,555,000,000. Quel risque dès-lors
pourrait-il y avoir pour le public, si on
émettait en circulation une somme fixe
et déterminée de billets de banque de
1,8000,000,000 , de 1000, 500, 100 fr.
payables au porteur à présentation , puisque, dans chaque département ils pourraient être remboursés $\frac{1}{200}$ par jour, et

qu'ils seraient reçus dans toutes les caisses publiques? Il y aurait de plus une garantie contre l'émission de faux billets, si toutes les personnes entre les mains de qui ils passent y apposaient leurs signatures. Le gouvernement serait alors en état de faire l'achat de la récolte annuelle des grains, et de jouir des nombreux avantages qui y sont attachés.

SECTION II.

Dette publique.

Les créances entre particuliers, les propriétés de toutes espèces acquises à prix d'argent, que la loi protège avec tant de soin, ont-ils moins de mérite qu'un prêt fait à la société dans la personne du souverain? Aux yeux de l'équité l'une est aussi sacrée que l'autre : ainsi, toute infraction à la dette publique est injuste. Mais si, par un mode vicieux d'administration, l'augmentation des impôts occasionnés par les dettes contractées par l'Etat, ne pouvait pas balancer l'augmentation des intérêts, ne valait-il pas mieux chercher à mettre plus d'ordre dans l'administration, que de violer ses engagemens ?

En temps de guerre, il faut que l'armée soit augmentée ; il faut que les villes fortes soient mises en état de défense ; il faut que les armées, les flottes, les villes fortes soient fournies d'armes, de munitions et de vivres. Dans cette perplexité, le gouvernement ne peut pas attendre le retour lent et graduel des impôts, et il n'a d'autre ressource que celle d'emprunter. De là ces dettes tellement accumulées, que, d'après le système actuel des finances, il me paraît impossible, et il serait tout-à-fait chimérique de croire qu'on puisse jamais se libérer de bonne foi, et arrêter le progrès des dettes énormes qui nous accablent, et qui mettent constamment un nouvel impôt sur le peuple, par l'habitude qu'avait le gouvernement d'anticiper sur son revenu, d'emprunter de ses agens, et de payer intérêt, pour l'usage de son propre argent.

Les opérations de la banque tendront sans doute à maintenir plus ou moins l'intérêt de l'argent à trois pour cent. Tout en conciliant la loyauté et l'intérêt du gouvernement et celui des malheureux créanciers, il n'y a d'autre moyen d'opérer la libération du revenu public de la manière la plus prompte et la plus insensible pour l'Etat, sans avoir recours à l'augmentation des impôts et à des calculs financiers, de déclarer toutes les dettes de l'Etat, autres que les cautionnemens, viagères sur des têtes séparées à 4, 5 et à 6 pour 100 l'an, d'après l'âge des créanciers : alors la mort de chaque constitutionnaire décharge le revenu public sans aucune secousse.

Je n'ai pas seulement donné le moyen de subvenir à ce paiement sans établir d'impôts, mais encore celui de soutenir la guerre la plus vigoureuse et la plus dispendieuse sans jamais contracter de dettes.

SECTION III.

Frais de la guerre.

L'indemnité du remplacement et le revenu du service des postes suffiront à payer toutes les dépenses ordinaires de la guerre, tel que je l'ai développé au chapitre de la force publique; il n'y aura à charge du revenu public que l'établissement des casernes et magasins télégraphiques fortifiés, et l'artillerie.

SECTION IV.

Frais de justice et de police.

On peut, sans augmenter considérablement les frais d'un procès, faire supporter par les parties tout ce qu'il en coûte à l'État pour rendre la justice et pour le traitement des juges; car les personnes qui nécessitent cette dépense, sont celles qui, d'une manière ou d'autre, commettant une injustice envers leurs concitoyens, les mettent dans l'obligation d'en poursuivre la réparation devant les tribunaux ; il serait donc juste de mettre tous les frais de justice à la charge particulière de la personne qui a commis l'injustice, en l'obligeant de payer une amende, laquelle servirait à rembourser le gouvernement de l'avance qu'il a faite de l'honoraire des juges. Il ne peut y avoir de nécessité de recourir au revenu public, si ce n'est pour la poursuite des criminels ou de ceux qui n'ont pas à eux un bien ou un fond suffisant pour payer les frais et l'amende proportionnés au délit. Ne parviendrait-on pas, par ce moyen, à diminuer les procès?

SECTION V.

Enregistrement et Inscription des hypothèques.

Les frais d'enregistrement de la vente des terres tombent entièrement sur le vendeur, qui est presque toujonrs réduit à la nécessité de vendre, et de prendre par conséquent le prix qu'on lui offre. Ces impôts tombent donc presque toujours à la charge des personnes qui sont dans le besoin, et doivent par conséquent être cruels et oppressifs. Il me paraît donc que le droit d'enregistrement devrait se borner à un prix un peu au-delà des honoraires des employés.

Comme l'enregistrement des hypothèques, et de tous les droits en général sur les propriétés immobiliaires, donnent une grande sûreté aux créanciers et aux acquéreurs, il est infiniment avantageux au public. En payant un pour cent d'enregistrement de tous les actes, autres que ceux qui sont soumis à un droit fixe, et à un pour cent pour l'inscription des hypothèques, qui devraient être inscrites de nouveau tous les cinq ans. Je ne pense point que ce revenu de l'État puisse être à charge, et que ce léger droit puisse jamais inviter à la fraude.

SECTION VI.

Poinçons sur les matières d'or et d'argent.

Comme ce poinçon est une garantie pour les acheteurs, l'état peut encore se faire, par ce moyen, un léger revenu, qui retombera entièrement sur le luxe.

SECTION VII.

Loteries et jeux publics.

Comme ces impôts sont purement

volontaires et à charge seulement **des**
personnes qui croient trouver un bénéfice là où il ne saurait y en avoir, **et**
comme ce bénéfice, entièrement chimérique, est une conséquence de la
confiance que chacun a naturellement
en sa bonne fortune, et qu'il présente
un surcroît de revenu assuré au gouvernement; pourvu que ces établissemens soient sévèrement surveillés par la
police, je pense que ces impôts peuvent être maintenus.

SECTION VIII.

Monnoyage.

La main du monnoyeur doit ajouter
à la valeur de la monnoie, comme la
main de l'orfèvre ajoute à la valeur de
l'or ou de l'argent.

Par-tout où on reçoit la monnaie par
compte et non au poids, un léger droit
est le moyen le plus puissant pour pré-

venir la fonte, et par conséquent l'exportation de la monnaie.

Quand la taxe imposée sur une marchandise est assez modérée pour ne pas
inviter à la fraude le marchand qui fait
commerce de cette marchandise, celui-
ci fait les avances de la taxe ; mais il ne
la paie pas effectivement, parce qu'il la
retrouve dans le prix qu'il reçoit de sa
marchandise ; c'est le dernier acheteur
ou le consommateur qui, en dernière
analyse, paie la taxe. Or, l'argent est
une marchandise dont tout homme fait
commerce ; on ne l'achète que pour le
revendre ; et à cet égard, dans les cas
ordinaires, personne n'est dernier acheteur ou consommateur. Lors donc que
la taxe sur le monnoyage est si modérée qu'elle n'invite personne à se faire
faux monnoyeur, quoique chacun avance
la taxe, aucun cependant ne la paie en
dernier résumé, parce que tous la re-
gagnent dans la valeur que la fabrica-
ajoute à la monnaie. Ainsi lorsque le

gouvernement prend sur lui tous les frais de monnoyage, non-seulement il fait une petite dépense, mais il perd encore un revenu qu'il pourrait gagner par une taxe modérée, et ce trait inutile de générosité publique ne tourne au profit ni du gouvernement ni d'aucun particulier.

SECTION IX.

Frais d'administration de préfectures, sous-préfectures et mairies.

Toutes les dépenses d'administration peuvent être couvertes dans les campagnes et dans les villes, par une somme déterminée de deux francs par individu de la population, que le revenu extraordinaire de l'État fournira après déduction des traitemens des préfets et sous-préfets. Les villes et communes pourront accroître leur revenu par différentes taxes qui ne portent point sur les objets

de consommation de nécessité, et par
des impôts sur la vente de la bière, des
liqueurs spiritueuses et du vin ; quoique ces droits soient les mêmes pour
tous les détaillans, ils doivent nécessairement donner quelqu'avantage à
ceux qui vendent beaucoup, et nuire à
ceux qui vendent peu. Cependant la
modicité de la taxe fait que cette iné-
galité est de peu d'importance ; de plus
elle est propre à empêcher que les pe-
tits cabarets ne se multiplient.

Un impôt proportionnel au nombre,
assis sur les domestiques, ne tombe pas
sur le pauvre ; les droits de place, de
pesage et mesurage sur les marchés ou
foires ; de légers droits d'entrées sur
les objets de consommation de luxe ;
des impôts sur les chevaux et voitures,
serviront à l'entretien du pavage et des
quais ; de légers droits sur les expédi-
tions des actes, sans être à charge à
personne, procureront, sans vexations,
un revenu plus que suffisant pour payer

leurs dépenses, le traitement des ministres du culte, des instituteurs, des écoles communales pour l'éducation du peuple, des maisons de charité ou leur quote-part dans les établisssmens cantonaux, l'entretien des églises, maisons presbitérales et autres établissemens publics, enfin toutes les autres dépenses; et si tous les ans chaque ville ou commune plaçait ses fonds de réserve à intérêts à la banque publique de son département, elle pourrait, par ce moyen, faire face à ses dépenses imprévues, lesquelles doivent nécessairement être toujours en balance avec leurs ressources respectives. Dans les cas urgens, les communes pourraient lever de l'argent à la banque, remboursable en plusieurs années, sauf l'assentiment des deux chambres représentatives. Cette branche d'administration sera simplifiée et suivra, comme toutes les autres, une marche uniforme dans toute la France.

SECTION X.

Timbres.

La plus respectable de toutes les dettes d'un Etat est, sans contredit, les pensions accordées à ces citoyens qui ont exposé leur vie et bravé tous les dangers pour la défense de leur pays, et qui n'ont souvent d'autres ressources pour consolation de leurs infirmités et pour prix de la p'us noble des vertus sociales, celle du courage. On peut concilier les choses de façon de trouver encore la somme nécessaire d'une manière insensible pour le public, en assujétissant tous les contrats, actes, quittances, à être écrits sur papier timbré d'un dixième pour cent, et les billets à ordre de deux dixièmes pour cent. Ce droit étant assez modique pour n'inviter personne à la fraude, cette somme sera suffisante non-seulement pour payer

ces pensions, mais encore pour procurer des établissemens aux militaires va-
lides ; et si ces timbres étaient exigés
pour tous les actes, et qu'à défaut de
quittance sur papier timbré, quelqu'en
soit la somme au-dessus de 10 francs,
le marchand puisse exiger de nouveau
le paiement dans l'année qui suivrait le
jour d'achat, le timbre rapporterait
peut-être plus que quand il assujétis-
sait à des droits exorbitans ; tant il est
vrai que dans l'arithmétique des impôts
et des douanes, deux et deux, au lieu
de faire quatre, ne font qu'un.

Il pourrait être établi un bureau par
commune ; ces places étant exclusivement données aux militaires, vien-
draient en déduction de leurs pensions.

SECTION XI.

Frais d'entretien des routes et canaux.

On peut presque toujours entretenir
un grand chemin, un pont ou un canal

navigable, par le moyen d'un léger péage sur les voitures, les barques ou navires qui en font usage ; et comme les voyageurs seuls et ceux qui transportent des marchandises, dégradent ces chemins et canaux, et profitent seuls de ces avantages, il n'est pas juste que cette dépense soit à charge du revenu public.

Quand c'est à raison du poids ou du tonnage qu'on fait payer les voitures sur un grand chemin ou sur un pont, et les barques ou navires sur un canal, elles paient exactement pour l'entretien de ces ouvrages publics, à proportion de ce qu'elles usent ou dégradent. Il n'est guère possible de pourvoir à cet entretien d'une manière plus équitable. Quoique ce péage soit d'abord acquitté par le voiturier, il est payé finalement par le consommateur, qu'il atteint en se mêlant au prix de la marchandise. Cependant comme ces ponts, ces chemins, ces canaux diminuent beauoucp les frais de transport, le prix des marchandises diminue aussi pour le consommateur beaucoup plus que le péage ne l'élève ; et quand les voitures suspendues paient le double relativement à leur poids, que les voitures non suspendues, alors l'indolence et la vanité du riche contribuent d'une manière facile au secours du pauvre, en allégeant les frais de transport des marchandises pesantes.

Cette taxe devrait être établie sur le poids des voitures seulement, et pour la somme exacte qu'elles sont présumées dégrader la route, à l'exception des voitures qui servent a transporter le fumier et le produit des récoltes, alternativement des fermes à leurs dépendances. Le produit des pêches dans les rivières navigables, ainsi que les chasses dans les forêts nationales, peuvent également servir à cet entretien.

RÉSUMÉ.

Il résulte de la méthode que j'ai indiquée, que toutes les dépenses de l'État peuvent être acquittées pour la plus grande partie par ceux qui ont besoin de ces administrations, ou qui préfèrent les productions étrangères à celles domestiques ? voilà comment la grande machine d'État prendra toujours une même et invariable direction, et que le revenu de réserve pourra, en temps de paix, être entièrement employé à l'établissement des canaux, chaussées, casernes départementales, plantis des routes, et construction de vaisseaux.

C'est ainsi que la force nationale ne sera pas achetée par un trop grand sacrifice de la part des particuliers, car cette force ne peut être un bien qu'autant qu'elle est en garant du bonheur et de la sécurité publiques.

Il n'est peut-être pas facile d'imaginer qu'elle amélioration, grande, étendue et soudaine, naîtrait dans le pays, uniquement de ce nouvel ordre de choses. Par l'influence de la douceur du gouvernement, de la liberté la p'us parfaite de l'industrie, quand elle ne se trouve pas en opposition avec la sûreté de l'Etat, nous attirerons de nouveaux habitans; comme un bon port dans une mer orageuse, un bon gouvernement rassemble autour de lui les débris de la liberté opprimée, et de l'industrie contrariée.

C'est ainsi qu'en dégageant l'industrie, l'agriculture et le commerce des poids énormes des impôts qui arrêtent leur mouvement, le revenu de l'Etat sera augmenté, que la population accroîtra rapidement, et que l'aisance générale, la vraie richesse nationale sera consolidée.

FIN.

TABLE

DES MATIÈRES.

CHAPITRE II.

Instruction publique sous le rapport de son influence sur le développement de l'industrie nationale, 55

CHAPITRE III.

Commerce, 59

CHAPITRE IV.

Force publique, 68

CHAPITRE V.

Fin de la Table.

www.ingramcontent.com/pod-product-compliance
Lightning Source LLC
LaVergne TN
LVHW050831200726
843507LV00001B/265

9 782329 774138